Rudolf Steiner

Ursprung des Menschen
Natur- und geisteswissenschaftlich betrachtet

Ein öffentlicher Vortrag,
gehalten in München am 26. Februar 1912

im Archiati Verlag

Der Wortlaut der im Archiati Verlag gedruckten Vorträge von Rudolf Steiner geht auf die ursprünglichen Klartextnachschriften und Erstdrucke zurück, unter Berücksichtigung der danach erfolgten Veröffentlichungen.

1. Auflage 2012

Herausgeber und Redakteur machen in Bezug auf den
hier gedruckten Text Rudolf Steiners keine Rechte geltend.

Herausgeber: Archiati Verlag e. K. (Monika Grimm), Bad Liebenzell

Redaktion: Pietro Archiati, Bad Liebenzell

Korrektorat: Dr. Gerhard Hüttig, Schwanewede

Druck: GGP Media GmbH, Pößneck

ISBN: 978-3-86772-302-2

Archiati Verlag
Burghaldenweg 37 · D-75378 Bad Liebenzell
Telefon: (07052) 935284 · Telefax: (07052) 934809
anfrage@archiati-verlag.de · www.archiati-verlag.de

Inhalt

Liebe Leserin, lieber Leser! (Brief von M. Grimm und P. Archiati) *S. 5*

Vortrag (26.2.12): **Ursprung des Menschen**
  Natur- und geisteswissenschaftlich betrachtet S. 9
- Viele Naturwissenschaftler haben die Anschauung, dass der Mensch durch Weiterentwicklung des Tierreichs entstanden ist *S. 9*
- Der Ursprung der Erde wird ebenfalls von vielen rein materialistisch gedacht. Aber mit der Entstehung des Lebens tut sich der materialistisch Denkende schwer *S. 13*
- Geisteswissenschaft sieht göttliche Geister am Werk bei Ursprung und Werden der Welt. Auch im Menschen bewirkt der Geist die Entwicklung des Körpers *S. 16*
- Der Geist des Menschen wirkte am Anfang kraftvoller auf die Materie ein, er baute seinen Körper unmittelbar aus den Kräften und Stoffen der Erde *S. 20*
- Das Geistige des Tieres hat sich früher als das des Menschen mit der Materie verbunden. Das Tier ist daher von der Materie stärker abhängig als der Mensch *S. 26*

Faksimilierte Klartextnachschriften
    Handschrift J. Haase (vollständig) *S. 29*
    Nachschrift A. Friedländer (6 Seiten) *S. 57*
Textvergleiche *S. 63*
Zu dieser Ausgabe *S. 69*
Die Vorträge von Rudolf Steiner *S. 70*
Fachausdrücke der Geisteswissenschaft *S. 71*
Über Rudolf Steiner *S. 72*

Liebe Leserin, lieber Leser!

Dieser Vortrag gehört zu einer Reihe von öffentlichen, bisher nie gedruckten Vorträgen Rudolf Steiners. In den *Rudolf Steiner Ausgaben* des Archiati Verlags liegen bereits folgende Titel vor: *Was ist Anthroposophie?, Gesundheit, Das Soziale, Esoterisches Christentum*. Wir sind davon überzeugt, dass diese öffentlichen, allgemeinverständlichen Vorträge des Schöpfers der Anthroposophie auch heute die am besten geeignete Einführung darstellen, weil Rudolf Steiner sie als seine unmittelbare geistige Erfahrung schildert. Wir sehen es als dringend notwendig an, durch solche einführenden Vorträge eine größere Verbreitung der Anthroposophie anzuregen.

Der Archiati Verlag veröffentlicht seit 2004 Vorträge Rudolf Steiners. Er ist bemüht, das Wort Rudolf Steiners, so getreu wie man es heute kann, wiederzugeben. Bedingt unter anderem durch den langjährigen Streit zwischen der Anthroposophischen Gesellschaft und der Rudolf Steiner Nachlassverwaltung sind in jüngster Zeit zahllose, darunter viele handgeschriebene Klartextnachschriften von Vorträgen Rudolf Steiners aus dem Archiv der Anthroposophischen Gesellschaft allgemein zugänglich gemacht worden. Viele von ihnen wurden vor dem Erstdruck erstellt und lassen die Bemühung erkennen, dem gesprochenen Wort nichts hinzuzufügen.

Für den Erstdruck, der für die damaligen Theosophen bzw. Anthroposophen gedacht war, wurde in der Regel eine Bearbeitung vorgenommen, die diese ursprünglichen Vorlagen durch Erläuterungen stark erweitert und den Vorträgen zuweilen einen anderen Geist aufgeprägt hat. Diese Bearbeitung wurde über Jahrzehnte im Wesentlichen unverändert in der Rudolf Steiner Gesamtausgabe (GA) nachgedruckt und hat vielen Menschen die Lektüre und den Zugang zur Geisteswissenschaft erschwert. Dies gilt zum Teil auch für die späteren, von Helene Finckh stenografierten Vorträge (s. auch S. 70: «Die Vorträge von Rudolf Steiner»). Mehr Informationen finden Sie unter anderem in: Rudolf Steiner, *Menschwerdung, Wiederentdeckung der Seele, Karma verstehen.* In deren Rubrik «Zu dieser Ausgabe» wird auch über die Art informiert, wie die erwähnten ursprünglichen Nachschriften an die Öffentlichkeit gelangt sind.

Der hier gedruckte Vortrag ist repräsentativ für unzählige Vorträge, die in der Rudolf Steiner Gesamtausgabe enthalten sind: Es gibt eine kürzere, Steiner getreue und eine wesentlich längere, bearbeitete Fassung.

Im Zeitalter des Internets halten wir es für eine Missachtung der Menschenwürde, wenn ein Herausgeber dem Leser nicht ermöglicht, durch freien Zugang zu allen Unterlagen sich ein eigenes Urteil über die Qualität seiner Leistung zu bilden. Nach Klärung der Rechtslage ist der Archiati Verlag bemüht, durch Faksimiles, Textvergleiche und

Verweise auf seine Webseite alle ihm zur Verfügung stehenden Unterlagen dem Leser wahrnehmbar zu machen.

Wir finden es verantwortungslos, was im anthroposophischen Umfeld oft geschehen ist: Ein Urteil über unseren Verlag wird ungeprüft übernommen und weitergegeben. Dies erklärt Ihnen, warum wir uns entschlossen haben, diese kleine «Probe» unserer Arbeit anthroposophischen Einrichtungen ungebeten ins Haus zu schicken.

Wir wünschen Ihnen eine anregende Lektüre.

Monika Grimm und Pietro Archiati
Rudolf Steiner Ausgaben

P.S.: Wir möchten Ihnen folgendes Beispiel einer Bearbeitung der ursprünglichen Klartextnachschrift zur Wahrnehmung bringen. Der Text von GA 127 wechselt von «wir» zu «Sie» und zurück zu «wir» (Fett- und Großschreibung erfolgt durch uns). Dies zeugt von einem Herausgebergeist, der durch Fälschung der stenografischen Nachschrift Personenkult Rudolf Steiner gegenüber betreibt und dabei das Gegenteil des Angestrebten erreicht: eine Diskreditierung, eine Verleumdung Rudolf Steiners. Denn jemand, der so sprechen würde, wäre nicht nur ein schlechter Redner, der zwischen «wir» und «Sie» hin- und herspringt, sondern ein äußerst hochmütiger Mensch. der sich – durch den Wechsel zu «Sie» – jenseits des Menschlichen stellt.

Faksimilierte Nachschrift in: *Die geistige Führung des Menschen u. der Menschheit* (Arch.Verl.), S.102	GA 127, *Die Mission der neuen Geistesoffenbarung* (Vortrag vom 5.6.1911), S.179-180
… wie heute, und fühlen **wir**, dass es besser ist, bekämpft zu werden von denjenigen, die da glauben in *einer* Meinung das Alleinseligmachende zu haben, als diese selbst zu bekämpfen. Zwischen diesen	(S.179) Lernen **wir** verstehen, daß es noch immer besser ist, wenn **wir** von denjenigen bekämpft werden, die glauben, nur in ihrer Meinung das Alleinseligmachende zu haben, als wenn **wir** diese anderen selber bekämpfen. Zwischen diesen

beiden Extremen liegt ein langer Weg.	beiden Extremen liegt ein weiter Weg. Aber die, welche im Geiste die theosophische Bewegung ergreifen, werden zu leben wissen mit etwas, was wie ein Kernspruch, wie ein (S. 180) Motto für alle Spiritualität mit Recht durch alle Zeiten gegangen ist. Wenn
Streben **wir** danach, damit **wir** lernen so zu leben, dass, wenn die Verzweiflung **uns** überkommt bei dem Gedanken:	**SIE** auch zuweilen Zweifel überkommen könnte bei dem Gedanken: Wohl ist starkes Licht vorhanden, aber auch eine große Irrtumsmöglichkeit, wie sollst du schwacher Mensch dich darin zurechtfinden?
Wie soll ich in diesen schwierigen Zeiten Wahrheit von Irrtum unterscheiden? –	Wie sollst du entscheiden können, was von der Wahrheit stammt und was Irrtum ist? – Wenn ein solcher Gedanke in der Brust aufsteigt, können
wir gestärkt werden können durch das Motto: …	**SIE** Stärkung und Kräftigung fühlen durch den Leitspruch: …
Besser ist es so zu irren, als Dogmen anzuhängen.	Besser ist es, ehrlich zu irren, als unehrlich Dogmen anzuhängen. Und das Wort wird vor uns aufleuchten: Nicht durch unser Wollen, wohl aber durch die göttliche Kraft der Wahrheit selbst wird diese Wahrheit siegen. Ist aber das, wozu **wir** durch irgendwelche Umstände in dieser Inkarnation gedrängt werden, nicht die Wahrheit, ist es der Irrtum,
Und wenn **wir** zu schwach sind, um zu der Wahrheit emporgezogen zu werden, – dann möge das, zu dem **wir uns** bekennen, untergehen, denn dann hat es nicht die Kraft in sich zu leben, und dann *darf* es auch nicht leben bleiben. Wenn **wir** ehrlich nach Wahrheit streben, dann wird die Wahrheit der siegreiche Impuls in der Welt sein …	sind **wir** zu schwach, um zur Wahrheit hingezogen zu werden, dann möge das, wozu **wir uns** bekennen, nur untergehen, denn dann hat es nicht die Kraft zu leben, soll nicht die Kraft zu leben haben. Wenn **wir** ehrlich zur Wahrheit streben, dann wird sie der siegende Impuls in der Welt sein.

Ursprung des Menschen

München, 26. Februar 1912

Meine sehr verehrten Anwesenden!

Wenn man ausgehend von dem Gesichtspunkt, der hier vertreten wird, an den Gegenstand der heutigen Betrachtung herangeht, so kommt man in eine merkwürdige Lage gegenüber dem, was über die wichtige Frage nach dem Ursprung des Menschen in der Form gedacht wird, in der man in der Gegenwart glaubt, nach den Ergebnissen der neueren Naturwissenschaft darüber denken zu müssen. Und wer kann leugnen, dass alle, deren Errungenschaften Anspruch erheben, dort berücksichtigt zu werden, wo diese bedeutungsvolle Frage auftritt, ein Recht auf Mitsprache haben.

Die meisten von denen, die sich berufsmäßig mit dieser Frage im Sinne der heutigen Naturwissenschaft befassen, werden den Eindruck haben, als ob alles, was hier vom Standpunkt der Geisteswissenschaft vorgebracht wird, den Anschauungen der Naturwissenschaft völlig zuwiderliefe. Bei einer solchen Frage schwebt immer das im Hintergrund, meine sehr verehrten Anwesenden, was die anlässlich meines letzten Hierseins gehaltenen Vorträge – «Wie widerlegt man Theosophie?»

und: «Wie begründet man Theosophie?» (8. und 10. Januar 1912) – besonders hervorgehoben haben. Bei der Frage, die unserem heutigen Vortrag zugrunde liegt, muss sich die Geisteswissenschaft klar darüber sein, dass aus den Vorstellungen der Gegenwart heraus vieles gegen diese Geisteswissenschaft vorgebracht werden kann.

Daher wird es auch begreiflich erscheinen, dass mit dem heutigen Vortrag nur einige Anregungen gegeben werden können, die nicht darauf berechnet sind, bei jemandem, der mit der geisteswissenschaftlichen Anschauung noch unbekannt ist, eine andere Überzeugung hervorzurufen.

Was haben wir im Laufe der letzten Jahrzehnte in Bezug auf unser heutiges Thema erlebt?

Immer mehr hat sich bei Naturwissenschaftlern die Anschauung festgesetzt, dass der Mensch seinen Ursprung von Geschöpfen genommen hat, die unter der Sphäre dessen stehen, was der heutige Mensch die Sphäre seiner Bildung, seiner Kultur und seiner ganzen Betätigung nennt.

Das sonst sehr fruchtbare Prinzip der «Entwicklung» hat dahin geführt, anzunehmen, dass auf der Erde aus einfach gearteten Lebensformen, denen die heute noch lebenden einfachen Formen ähnlich sind, sich durch langsame Entwicklung die körperlichen Formen bis hinauf zu den höchsten Formen der Tierwelt herausgebildet haben.

Durch immer weiter fortschreitende Bildung, durch Komplikation (Differenzierung) der Kräfte der niedrigeren Reiche, sei aus den früheren Tieren endlich der Mensch hervorgetreten.

Es gibt eine solche Überzeugung in weiten Kreisen, in denen man jeden für zurückgeblieben hält, der nicht damit übereinstimmt.

Die Naturforscher, die sich dazu berufen gefühlt haben, anhand ihrer Forschungsergebnisse die Welträtsel zu erläutern, haben die physische Gestalt und die äußeren Lebensverhältnisse des Menschen als Komplikation aus den Kräften dargestellt, die auch schon in den unter dem Menschen stehenden Tieren herrschen. Sie fanden da Verhältnisse ähnlich denen von noch niedrigeren Tieren, sodass sie dazu kamen, die zum Menschen führenden Verhältnisse aus denen der niedrigsten Lebewesen herzuleiten.

Nicht nur auf diesem äußerlichen Gebiet hat sich eine solche Überzeugung festgesetzt, sondern auch auf anderen Gebieten. Auch die höheren intellektuellen Kräfte, die ästhetische Anschauung, die moralischen Impulse des Menschen sieht man in ihrer mannigfaltigen Ausgestaltung als etwas an, was man auch im Tierreich in einfacheren Formen antrifft, sodass man dort deren Vorstufen sieht. Demgemäß ist der Mensch auch als moralisches, intellektuelles und ästhetisches Wesen durch Komplikation aus den niedrigeren Lebewesen hervorgegangen.

Gegenüber den sorgfältig ermittelten Ergebnissen der Naturwissenschaft ist es heute sehr schwierig, mit einer anderen Anschauung aufzutreten.

Es muss zugegeben werden, dass die Geisteswissenschaft in einer sonderbaren Lage ist, wenn sie die Errungenschaften der Naturwissenschaft zusammen mit dem auf sich wirken lässt, was eine dilettantische Theosophie darüber als Meinung vorbringt. Man hat das Gefühl, dass man es in der Darstellung und in der Begründung des Gebotenen in Bezug auf Sorgfalt lieber mit dem materialistischen Naturforscher als mit dem dilettantischen Theosophen halten möchte.

Es handelt sich darum, dass die Geisteswissenschaft in einer ungünstigen Lage ist, weil sie nur mit den Hypothesen und Theorien der materialistischen naturwissenschaftlichen Forscher in Disharmonie gerät, während es bei eingehenderer Beschäftigung mit solchen Dingen immer klarer wird, dass die tatsächlichen Ergebnisse der Naturwissenschaft, wenn sie erklärt werden sollen, gerade dazu zwingen, die Richtung der Geisteswissenschaft zu nehmen.

Als Geistesforscher fühlt man sich bei sorgfältiger Prüfung in Übereinstimmung mit den Tatsachen, aber im Zwiespalt mit den Hypothesen und Theorien, die daraus gebildet werden.

Wenn man den Menschen bis zu seinem Ursprung zurückverfolgen will, so erscheint es der naturwissenschaftlichen Anschauung nur natürlich, dieses im Anschluss an den Entwicklungsgang der Erde zu unternehmen. Dieses Zurückgehen wird bisher in der Biologie ganz im materialistischen Sinne durchgeführt, indem man nur das in Betracht zieht, was die äußeren chemischen und physikalischen Kräfte der Erde bewirken können.

Die Erde war nach materialistischer Hypothese einmal ein gasförmiger Ball, aus dem durch Verdichtung und Abkühlung der jetzige Zustand entstanden ist. Die Naturwissenschaft verfolgt diese Bildung weiter zurück und nimmt an, das ganze Sonnensystem sei ursprünglich in einer Art gasförmigem Zustand gewesen, wie es in der sogenannten Kant-Laplace'schen Theorie niedergelegt ist.

Gegen diese Anschauung ist neuerdings manches eingewendet worden, aber die neueren Hypothesen unterscheiden sich nicht prinzipiell von jener Kant-Laplace'schen Theorie, insofern als sie alle materialistisch gedacht sind. Sie lassen den Urnebel in Rotation geraten, sodass sich durch ringförmige Abtrennung und Aufrollung nach und nach die Planeten und deren Monde bilden.

Es lässt sich dieser Vorgang «experimentell» mit einem großen Öltropfen von entsprechendem spezifischen Gewicht in einem Glas

Wasser recht schön vorführen, wenn man den Öltropfen durch eine passende Vorrichtung in Umdrehung versetzt. Das erscheint dann als eine einfache Darstellung der Entstehung des Sonnensystems.

Aber es ist eine feste Regel, dass man beim Experiment alles berücksichtigt und nicht vergisst, dass hier der Experimentator die Umdrehung besorgt und keineswegs das Recht besteht, diesen Versuch auf das Sonnensystem zu übertragen. Denn wo ist dort die drehende Ursache? Wenn man dieses nicht berücksichtigt, so steht man auf ungerechtfertigtem Boden.

Die Geisteswissenschaft sagt, es gibt nicht nur Materie im Welturnebel, sondern dieser ist von bewussten geistigen Mächten und Kräften durchdrungen und dirigiert, denen die Bewegung zu verdanken ist, ohne dass wir dabei in Anthropomorphismus verfallen.

Wenn sich ein Urnebel im Sinne von Kant-Laplace gestaltet, so liegen geistige Einwirkungen dem zugrunde – wie auch in unserem physischen Körper ein Ich auf dessen Nerven und Muskeln wirkt –, ohne dass wir an eine schematische Übertragung auf die Weltbildung denken dürfen.

Aus der gebräuchlichen Darstellung der Kant-Laplace'schen Theorie und den Folgerungen, die sich daran anschließen, kann man die Gestaltung der Erde nur ableiten, wenn man die Annahme macht, dass irgendwo einmal ein «Riesenprofessor» die Bewegung eingeleitet hat.

Aber dann kommt man an einen bedenklichen Punkt, der von tief denkenden Naturforschern gesehen worden ist, nämlich auf die Entstehung des Lebens auf unserem Erdplaneten. Man möchte annehmen, dass durch zufälliges Zusammentreten gewisser Substanzen, durch eine sogenannte «Urzeugung», aus rein physikalisch-chemischen Verhältnissen das Leben entstanden sei.

Die Unmöglichkeit dieser Annahme hat tief denkenden Naturforschern wie Gustav Theodor Fechner (*Einige Ideen zur Schöpfungs- und Entwickelungsgeschichte der Organismen.* Leipzig 1873) und dem Biografen Darwins, Wilhelm Preyer (*Darwin. Sein Leben und Wirken.* Berlin 1896) eingeleuchtet. Sie konnten keine Möglichkeit finden zu denken, dass auf einer leblosen Erde Leben entstehen kann.

Wir sehen diese Denker der Geisteswissenschaft auf halbem Weg entgegenkommen, wenn sie die Meinung aussprechen, die Erde sei zu Beginn ihres Werdens nicht ein physisch-chemischer Körper gewesen, wie sie in der Gegenwart erscheint, und auf der sich Lebewesen in der ihnen eigentümlichen Weise fortpflanzen, sondern sie sei in urferner Vergangenheit anders gewesen.

Diese Forscher dachten sich die Erde zu jener Zeit als einen großen Organismus, als ein einziges gewaltiges Lebewesen. Dann sei die Zeit gekommen, wo sich gewisse Substanzen als die eigentliche Lebenssubstanz sozusagen herauskristallisiert haben. Damit sei verknüpft, dass anstelle des Gesamtlebens der Erde das Leben an die einzelnen Lebewesen abgegeben worden sei, die uns heute als solche entgegentreten.

Es macht einen eigentümlichen Eindruck, wenn Preyer seine Gedanken auf den Urorganismus der Erde hinlenkt und sich die Vorstellung bildet, dessen Blut seien strömende Eisenflüsse, glühende Eisendämpfe gewesen, dessen Atem hätten die aus der Umgebung ein- und ausströmenden Wasserdämpfe, dessen Nahrung die hernniederstürzenden Meteore gebildet. Das ist ein sonderbares Gemisch von materialistischen Vorstellungen, mit denen er aber Lebensvorgänge hat darstellen wollen.

Forscher von solcher Denkungsart kommen, wie gesagt, der Geisteswissenschaft auf halbem Weg entgegen, indem sie zugeben, dass die Erde einmal ein lebendiger Organismus war, dessen Lebenskräfte jetzt spezialisiert in den mannigfaltigen Formen der Pflanzen- und Tierwelt auftreten.

Aber eines fehlt, was die Geisteswissenschaft aus ihren Forschungsergebnissen der Erde zuschreiben muss.

Der Gedanke muss Platz greifen, dass der Leib der Erde nicht nur als lebendig, sondern auch als beseelt und durchgeistigt aufzufassen ist, sodass wir es mit unserem Erdplaneten nicht nur mit einem lebendigen

Organismus, sondern auch mit einem beseelten und durchgeistigten Wesen zu tun haben.

Nun könnte man entgegnen: Was tut man da anderes, als dass man den Geist, den man erklären will, schon hineinlegt, ihn als von vornherein bestehend annimmt!

Das muss man aber tun, meine sehr verehrten Anwesenden, nach den Voraussetzungen einer Erkenntnistheorie, nach denen sich nirgends die höheren Naturreiche aus den untergeordneten entwickeln können – nach denen niemals sich Geistig-Seelisches aus Lebendigem und niemals sich Lebendiges aus Physisch-Chemischem entwickeln kann. Nach diesen Voraussetzungen kann das Höhere aus dem Niederen nur dadurch entstehen, dass Geistig-Seelisches im Materiellen arbeitet.

Im letzten Vortrag («Die verborgenen Tiefen des Seelenlebens», 24. Februar 1912) haben wir gesehen, mit welchem Recht man bei dem Menschen sagen kann, dass er als geistig-seelisches Wesen im Leiblich-Materiellen arbeitet.

Wer sich innerlich bis zur ersten Rückerinnerung zurückverfolgt, dem treten aus der Tiefe des Bewusstseins seine Erlebnisse, alles, was er sich angeeignet hat, entgegen. Davon lebt und darin webt das Ich.

Das Ich aber hat sich nicht erst bei seinem bewussten Auftreten gebildet, sondern es hat vorher im traumhaft-dämmerhaften Zustand des

Kindes im Zusammenhang mit den sonstigen Seelenkräften erst das Werkzeug des Bewusstseins zubereitet. Es hat erst die individuellen Lebensenergien hineingearbeitet bis in die feinsten plastischen Ausgestaltungen des Gehirns, das es von seinen leiblichen Eltern geerbt hat.

Sobald wir das einsehen, sind wir nicht mehr weit davon entfernt, die menschliche Individualität zu früheren irdischen Leben zurückzuverfolgen, um die Kräfte zu erforschen, die in diesen früheren Leben vom Ich in seine gesamte Wesenheit hineingearbeitet worden sind.

Erkennen wir dieses für unser gegenwärtiges Leben, so sehen wir damit auch ein, dass es nicht allein von unseren Vorfahren als Resultat geerbt wird, sondern dass in dem von ihnen Geerbten noch ein Spielraum für unser geistig-seelisches Wesen, für unser Ich vorhanden ist. Wenn uns das Ich aus einem kriechenden zu einem aufrechtgehenden Wesen macht, so sehen wir es dabei am Werk im Körper.

Wenn der Mensch bei genügender allgemeiner Entwicklung zur geistigen Schulung fortschreiten will, zu einer solchen Schulung, durch die er Einblick in die geistige Welt erlangt, so kann er auf diese Entwicklung des Ich eine Methode anwenden, die in meinem Buch *Wie erlangt man Erkenntnisse der höheren Welten?* geschildert ist.

Danach erlangt man zunächst ein Bewusstsein davon, dass der Mensch sich nicht immer nur der körperlichen Sinne bedienen muss, um Wahrnehmungen zu haben, sondern dass durch die Methode einer für jede Individualität anders zu machenden Meditation und Konzentration Fähigkeiten in sich entwickeln kann, die ohne die körperlichen Sinne zu Erlebnissen führen, die nur im geistig-seelischen Wesen gemacht werden, ohne Mitwirkung der physischen Leiblichkeit.

Insbesondere ist es so, dass nach solcher Schulung der Betreffende die Empfindung hat, dass diese seine Erlebnisse übersinnlich sind, ohne im ersten Stadium imstande zu sein, sie in Begriffe und Worte zu kleiden, da bei solchen Erlebnissen geistig-seelische Organe in Tätigkeit versetzt werden und das Gehirn nicht benutzt werden kann.

Es besteht also zunächst eine unüberbrückte Kluft. Erst mit Geduld und Ausdauer sieht der Übende die Zeit herankommen, in der er imstande ist, die übersinnlichen Erlebnisse und Erkenntnisse herunterzubringen, sie in solche Begriffe und Worte zu kleiden, wie sie dem gewöhnlichen Leben entnommen sind.

Das Gehirn selbst wird dabei als ein schwer zu überwindender Widerstand empfunden. Es muss, ähnlich wie beim Kind, das ungeschickte Gehirn erst dazu fähig gemacht werden, feinere Gestaltungen in sich hineinarbeiten zu lassen. Diese sind allerdings solche, die der Anatom im Gehirn nicht nachweisen kann.

So kann man durch allmähliche «Entwicklung» auch an sich die einzelnen Phasen bewusst verfolgen, die sich bereits in der ersten Kindheit widerspiegeln und dort wie auch später sehen lassen, wie das Geistig-Seelische im Körperlichen an der Arbeit ist.

Nun ist es keine unberechtigte Behauptung, wenn man sagt: Es liegt in den gegenwärtigen Verhältnissen auf der Erde begründet, dass das aus früheren Verkörperungen kommende geistig-seelische Wesen des Menschen nur imstande ist, den Spielraum zu benutzen, der durch die allgemeine Gestalt des physischen Körpers begrenzt ist – ein Spielraum, über den die Vererbungsverhältnisse keine Macht haben, während das Übrige derart der Vererbung anheimgestellt ist, dass der Mensch seine Organe nur von Eltern erhalten kann, die ihm gleichgeartet sind.

Wenn dieses heute so sein muss, ist damit nicht gesagt, dass auch in vergangenen Zeiten, auch in urferner Vergangenheit die Erde eine solche Entwicklung durchgemacht hat, die es dem Geistig-Seelischen des Menschen ermöglicht hat, nur in diesem engen Spielraum zu arbeiten. Es kann nicht als absurd bezeichnet werden, wenn die Geisteswissenschaft sagt: Je weiter zurück wir in der Erdentwicklung gehen, desto mächtiger wirkt das Geistig-Seelische des Menschen.

Dieses war ehedem so wirksam, dass es dasjenige gestalten konnte, was heute nur von der Vererbung vorbereitet hingenommen werden muss. Die Menschenseelen waren einstmals im Erdleib wirksam, dieser konnte noch eine Substanz hergeben, die von der Seele unmittelbar zum physischen Erdmenschen umgebildet werden konnte, sobald sich die bildungsmächtigen Kräfte des geistig-seelischen Wesenskerns des Menschen des Leibes unseres Erdplaneten bemächtigten.

Damals gab es noch keine Fortpflanzung. Das Zusammentreten des Geistig-Seelischen des Menschen mit der lebendigen Substanz des irdischen Leibes war imstande, einen Menschen nach Art seiner ursprünglichen irdischen Erscheinung hervorgehen zu lassen – den Menschen am Ursprung seines Erddaseins –, als ein von dem geistig-seelischen Wesenskern in harmonischer Art mit diesem herausgebildetes Geschöpf.

Das mag als eine gewagte Hypothese erscheinen, kann aber nicht als absurd bezeichnet werden.

Damals war der physische Leib des Erdplaneten, der jetzt von einer Lufthülle umgeben ist, in eine «Geistesatmosphäre» eingehüllt. Wie es jetzt aus der Luft regnet, so gelangten einstmals aus der Geistesatmosphäre Geisteskeime auf die Erde, die dort «Menschen» schufen.

Jemandem, der sicher auf dem Boden der Naturwissenschaft steht, dreht sich bei solchen Vorstellungen, wie man zu sagen pflegt, der

Magen um. Trotzdem muss noch etwas anderes gesagt werden, was auch wahr ist.

Wenn der Geistesforscher auf Erdepochen zurückblickt, in denen statt des Männlichen und des Weiblichen das Himmlische und das Irdische zusammenwirkten, so kommen ihm nur die Hypothesen der Naturforscher in die Quere, keineswegs die neuerdings immer zahlreicher gefundenen Tatsachen.

Ernst Haeckel, den wir trotz allem als einen kühnen Naturforscher bezeichnen müssen, hielt in Lübeck im Jahr 1864 einen Vortrag über den Ursprung des Menschen, den er völlig in dem von ihm aufgefassten darwinschen Sinne glaubte erklären zu müssen – so wie auch jetzt die Naturforscher derselben Richtung sich gedrängt fühlen, die Entwicklungslinie von der Amöbe zu Lebewesen ähnlich denen im Affenreich zu ziehen, als eines Vorfahren des heutigen Menschen.

Aber das hat die neuere Forschung korrigiert, denn nirgends kann man an einen solch tierischen «Vorfahren» die erforderliche hohe Geistesorganisation heranbringen. Die Vertreter der heutigen Naturwissenschaft nehmen nicht mehr solche Dinge an, also auch keinen Vorfahren des Menschen, der irgendwie einer gegenwärtigen tierischen Gestalt ähnlich gewesen sei. In den gegenwärtigen Tierformen sieht man die im Niedergang begriffenen Bildungen höherer Formen.

Daher wird für den Affen ein Vorfahr angenommen, der in den heutigen Affenformen nicht mehr lebt, und es wird eine andere Linie vorausgesetzt, die von diesem Vorfahren zum Menschen geführt hat. Beide führt man also auf einen gemeinsamen Vorfahren zurück, der unter anderen Bedingungen gelebt hat, als sie heute vorhanden sind.

Dieser gemeinsame Vorfahr des Affen und des Menschen ist bislang, anhand der Tatsachen geprüft, nur ein hypothetisch konstruiertes Gedankengebilde.

Gewisse Forscher haben sich genötigt gesehen, den Vorfahren von Mensch und Tier noch höher hinaufzurücken, hinter die höheren Säugetiere, wo ein hypothetisches Wesen gelebt haben soll, von dem sich durch allmählichen Niedergang die niedrigeren Säugetiere abgezweigt haben – gleichzeitig soll sich von diesem Wesen ein Stamm gebildet haben, der hinauf zum Menschen geführt hat. Dabei werden auch die Affen von ursprünglicheren niedrigeren Tierarten abgeleitet, von völlig hypothetischen Vorfahren, schon von der Bildung der Reptilien abstammend, während sich der Mensch von dort herrührend in eigener Linie bis heute entwickelt haben soll.

Wie weit sind solche Gelehrten von der Geisteswissenschaft entfernt! Durch ihre Denkgewohnheiten sind sie veranlasst, sich physische Formen in ihrer Entwicklung in einer solchen Art vorzustellen, dass diese auch unter den heutigen irdischen Verhältnissen möglich sein könnten.

Die Geisteswissenschaft weist hingegen im prinzipiellen Sinne auf eine Befruchtung der lebendigen Erdsubstanz durch das Geistig-Seelische zur Bildung eines Wesens wie den Urmenschen hin. Wie bei der Entstehung des heutigen physischen Menschen aus dem Männlichen und dem Weiblichen wurde einstmals von zwei Seiten her die lebendige Substanzialität der Erde und das Geistig-Seelische des Erdumkreises zusammengeführt.

Diesem Umkreis gehörte der Mensch damals an. Er lebte mehr durch diesen Erdumkreis, durch den Zusammenhang mit den darüberliegenden kosmischen Verhältnissen. Der geistig-seelische Menschenkeim konnte nur auf gewisse Teile der Erde wirken, daher ist der Mensch als Einzelwesen nur auf besonderen Örtlichkeiten der Erde heimisch geworden. So besteht er aus einem erdgebundenen und einem kosmischen Element.

Merkwürdig sehen wir im Menschen dasjenige nachwirken, von dem gesprochen worden ist.

Bei der Vererbung liegt dem Menschen trotz aller sonstigen Verhältnisse ein Geistiges zugrunde, wodurch jeder Mensch eine einzelne Individualität ist. Trotz aller Spezialisierung der Vererbungsverhältnisse ist das Erbteil des Weiblichen das Allgemeinmenschliche, das Erbteil des Männlichen das Individualisierende. Dieses läuft beim Urmenschen parallel den Verhältnissen, bei denen ein himmlisches Element mit dem zusammenfließt, was erblich aus der Lebenssubstanz der Erde kommt.

Das Kosmische überwog einstmals das weniger Wirksame, das aus der Erde stammte. Durch Letzteres spezialisierte sich ein Teil des Urmenschen, sodass erst dadurch der Mensch zum Männlichen und Weiblichen wurde.

Diesen ganzen Vorgang, meine sehr verehrten Anwesenden, müssen wir uns so vorstellen, dass die irdischen Lebensbedingungen fortschreitend immer andere wurden. Die hervorbringenden Kräfte, die den Urmenschen schufen, waren zuletzt dazu nicht mehr imstande. An deren Stelle blieben dann die physischen und chemischen Kräfte der Erde zurück.

Den physischen Menschen schaffend und gestaltend war dann nur noch das, was in ihn selbst hineingelegt war und sich nun von Generation zu Generation fortpflanzte. Die weibliche Beisteuer führt auf das Kosmisch-Himmlische zurück, die männliche auf die organisch-lebendige Erdsubstanz. Wer diese Zusammenhänge nicht berücksichtigt, wird nicht zu einem richtigen Verständnis der Vererbung kommen.

Den Menschen müssen auch die Verhältnisse bei der Entwicklung der Tiere interessieren. Diese sind wichtig, um ein weiteres aufklärendes Licht über den Ursprung des Menschen zu verbreiten.

Der Mensch von heute konnte in seiner Zweiheit, nämlich in Beziehung auf den Spielraum des Geistig-Seelischen und der geerbten Hauptzüge, er konnte in seiner Zweiheit nur entstehen, wenn das, was den geistig-seelischen Zustand behalten hatte, bis zu einem gewissen Zeitpunkt wartete, um die bis dahin bestehenden Verhältnisse an die Vererbung abzugeben. Der Mensch wartete also bis zu der Zeit, in der die ältere, unmittelbare Entstehung durch die allgemeine Erdsubstanz in die einsetzende Fortpflanzung durch Vererbung übergehen konnte.

Denn bei einer früheren Abhängigkeit von den Kräften der Erde wäre wegen der damals bestehenden irdischen Verhältnisse für den Impuls des Geistig-Seelischen Folgendes eingetreten.

Das Geistig-Seelische hätte den irdischen Verhältnissen zu früh ein Übergewicht, einen zu großen Spielraum eingeräumt. Es wäre schwach gewesen gegenüber den Kräften der Erde. Dasjenige, was hätte Mensch werden sollen, wäre unter der Einwirkung der organisierenden Kräfte der Erde zu einer diesen entsprechenden, mehr irdischen, niedrigeren Organisation geworden. Der Mensch hätte sich zu dem hinabbegeben müssen, was wir die Tierheit nennen.

Dies ist beim Tier auch geschehen. Dem zu früheren Zeiten erfolgten Hinabsteigen des Geistig-Seelischen unter den verschiedenen Kräftekonstellationen entsprechen die dabei entstandenen verschiedenen Tierarten. Diese gingen dem Menschen als geistig-seelische Urformen voraus, sie waren vor ihm zu irdischen Verkörperungen völlig in die Materie gekommen. Diese Urgebilde wurden durch ihre Entwicklung schon im geistig-seelischen Zustand von dem zukünftigen Menschen abgesondert. Sie übertrugen auf die Erde eine niedrigere Form der Vererbung von einer Tiergeneration zur anderen.

So stellt die Geisteswissenschaft den Menschen in die Entwicklungslinie, die sich in den Umformungen der Erde zeigt, in denen die Tierwelt deutlich früher in die Erscheinung tritt, bis zuletzt der Mensch aus einem geistig-seelischen Zustand herabsteigend die materielle Erde bewohnt, wenn auch zunächst in Formen, die von den jetzigen außerordentlich verschieden sind.

Meine sehr verehrten Anwesenden! Wer von einem materialistischen naturwissenschaftlichen Denken ausgeht, dem kann das heute Vorgetragene wie eine Absurdität erscheinen. Aber wenn die Forschungsergebnisse der Geisteswissenschaft mit dem gleichen Ernst wie die der Naturwissenschaft genommen würden, so könnte sich bald zeigen, dass man auf beiden Wegen in verschiedener Art zu Tatsachen kommt, die der Naturforscher einsehen kann, wenn er ehrlich ist und auf dem Boden der Tatsachen stehenbleibt, ohne sich von fantastischen Erklärungen beirren zu lassen. Denn diese Tatsachen belegen aufs Beste, was heute als Gang der Erdentwicklung, wenn auch nur in einigen Hauptzügen, charakterisiert worden ist.

Für den Menschen ist dabei wichtig, in den Vordergrund zu stellen, dass nicht sein Geistig-Seelisches das Ergebnis der leiblichen Entwicklung ist, sondern vielmehr, dass der Leib das Ergebnis des Geistig-Seelischen ist, das der bildungsfähigen organischen Substanz der Erde seine Formen aufgeprägt hat.

Die äußere Forschung widerspricht nicht der selbstständigen Bedeutung des Geistig-Seelischen im Menschen, sondern die Naturwissenschaft bekräftigt bei jedem tieferen Sichversenken des Menschen in sein eigenes Wesen das Verhältnis, in dem er zur Welt, zu Geist und Materie steht, das wir in Abwandlung von Goethes Worten so zusammenfassen können:

> Vom Geiste kommt des Menschen Seele,
> Im Geiste webt des Menschen Leben,
> Zum Geiste strebt des Menschen Wesen.[1]

---

[1] Der Bezug auf Goethe ist in der Nachschrift nicht enthalten, ist aber bei Rudolf Steiner üblich zum Abschluss eines Vortrags. Im «Gesang der Geister über den Wassern» schreibt Goethe: «Des Menschen Seele / Gleicht dem Wasser: / Vom Himmel kommt es, / Zum Himmel steigt es, / Und wieder nieder / Zur Erde muß es, / Ewig wechselnd.»

Der Ursprung des Menschen
im Lichte der Geisteswissenschaft
Öffentlicher Vortrag von Dr. Rud. Steiner
München, Prinzensäle, 26.2.12.

Wenn man an den Gegenstand der heutigen Betrachtung herangeht, so kommt man, von den Gesichtspunkten ausgehend, die hier vertreten werden, in eine merkwürdige Lage/ gegenüber dem, was über die wichtige Frage nach dem Ursprunge des Menschen erforscht ist in der Form, in der man in der Gegenwart glaubt über den Ursprung des Menschen denken zu müssen, d.h. im Sinne der neuen Ergebnisse der Naturwissenschaft. Und man könnte wohl leugnen, daß alle, deren Errungenschaften Anspruch erheben können berücksichtigt zu werden, dort, wo diese bedeutungsvolle Frage auftritt (*hinzugefügt:* nicht ein Recht zur Kritik hätten). Die meisten von denen/

besonders diejenigen, welche sich berufsmäßig/ in hervorragendem Maße mit dieser Frage/ im Sinne der heutigen Naturwissenschaft/ befassen, werden den Eindruck haben, als ob/ alles hier vom Standpunkte der Geistes/wissenschaft Vorgebrachte den Anschauungen/ der Naturwissenschaft völlig zuwiderläuft./ Bei einer solchen Frage schwebt immer das/ im Hintergrunde, was gelegentlich der,/ bei meinem letzten Hiersein gehaltenen/ Vorträge: «Wie widerlegt man Theosophie?»/ und: «Wie begründet man Theosophie»? be/sonders hervortreten sollte. Bei der Frage,/ die unserem heutigen Vortrage zu Grunde/ liegt, muß sich die Geisteswissenschaft klar/ darüber sein, daß vieles und scheinbar mit/ dem größten Recht aus den Vorstellungen/ der Gegenwart heraus gegen diejenigen der/ Geisteswissenschaft vorgebracht werden kann,/ daher wird es auch begreiflich erscheinen, daß/ mit dem heutigen Vortrage nur einige An/regungen gegeben werden können, die nicht/

darauf berechnet sein sollen bei jemanden,/ der mit den theosophischen Anschauungen/ noch unbekannt ist, eine andere Überzeug/ung hervorzubringen. — —

Was haben wir nun im Laufe der letzten/ Jahrzehnte in Bezug auf unser heutiges/ Thema erlebt? Immermehr hat sich bei/ den urteilsfähigen Naturwissenschaftern/ die Anschauung festgesetzt, daß der Mensch/ seinen Ursprung genommen habe von Ge/schöpfen, die eigentlich unter der Sphäre desjen/iger stehen, was der heutige Mensch die Sphäre/ seiner Bildung, Kultur ja seiner ganzen/ Betätigung nennt. Das sonst sehr fruchtbare/ Prinzip der Entwickelung hat dahingeführt, an zunehmen, daß auf Erden aus einfach gear/teten Lebensformen, die den heute noch/ lebenden einfachen Formen ähnlich sind,/ durch langsame Entwickelung sich die körper/lichen Formen bis hinauf zu denen der/ höchsten Tierwelt herausgebildet haben, und/ also durch weiter fortschreitende Bildunger/

und Komplikation der Kräfte der niederen Reiche, der Mensch endlich aus den früheren Tieren hervorgetreten sei. Es gibt in weiten Kreisen eine solche Überzeugung, in denen man jeden für zurückgeblieben halten würde, der nicht damit übereinstimmt. Die Naturforscher, die sich dazu berufen gefühlt haben, Welträtsel an ihren Forschungs-Ergebnissen zu erläutern, haben zunächst die äußere Gestalt und äußeren (*hinzugefügt:* physischen) Lebensverhältnisse des Menschen als Komplikationen aus denjenigen Kräften dargestellt, die auch schon in den/unter dem Menschen stehenden Reichen herrschen; und nun gleichsam kompliziertere Verhältnisse als bei noch niedrigeren Tieren fanden, sodaß sie also dazu kamen, die zum Menschen führenden Verhältnisse aus denen, bei den niedersten Lebewesen herzuleiten. Nicht nur in dieser einen Haupt-Gewissens-Frage hat sich eine solche Überzeugung festgesetzt, sondern auch auf anderem Gebiete, nämlich die hohen intellektuellen Kräfte, die ästhetische Anschauung, die moralischen Impulse sieht man in ihrer mannigfaltigen Ausgestaltung als etwas an, was man auch im Tierreiche in einfachen Formen antrifft, so daß man dort deren Vorstufen sieht. Demgemäß sei also auch der Mensch als moralisches, intellektuelles, ästhetisches Wesen durch Komplikation aus den niederen Lebewesen hervorgegangen. Gegenüber den sorgfältig ermittelten Ergebnissen der Naturwissenschaften ist sehr schwierig aufzukommen mit anderen Anschauungen, und es muß zugegeben werden, daß die Geisteswissenschaft oft in einer sonderbaren Lage ist, wenn sie die Errungenschaften der Naturwissenschaften auf sich wirken läßt zusammen mit dem, was «dilettantische» Theosophie darüber als Meinung vorbringen kann, man hat dann oft das Gefühl, daß man es in Beziehung auf Sorgfalt in der Begründung und in der Darstellung des Gebotenen lieber mit dem naturalistischen Naturforscher, als mit dem «dilettantischen» Geistesforscher halten möchte. Also handelt es sich darum, daß die Geisteswissenschaft/ in einer ungünstigen Lage ist, weil sie in/ Disharmonie gerät mit Gedanken, Ideen,/ Hypothesen und Theorien materialistisch-natur/wissenschaftlicher Ergebnisse, welche tief in die/ Menschen eingedrungen sind, während es dem/ Theosophen bei eingehenderer Beschäftigung mit/ solchen Dingen immer klarer wird, daß (*hinzugefügt:* wohl) die/ tatsächlichen Ergebnisse der Naturwissenschaft, nicht/ aber deren Ausdeutung, gerade dazu zwingen,/ die Tendenz zur Geisteswissenschaft zu nehmen,/ wenn sie erklärt werden sollen. Als fortge/schrittener Geistesforscher fühlt man sich bei/ sorgfältiger Forschung in Übereinstimmung/ mit den Tatsachen, aber in Zwiespalt mit den/ Hypothesen, die daraus gezogen werden. –

Wenn wir den Menschen zurückverfolgen wol/len bis zu seinem Ursprunge, so erscheint es/ der geisteswissenschaftlichen und naturwissenschaft/lichen Anschauung naturgemäß, dieses zu unter/nehmen im Anschluß an den Entwickelungs/gang der Erde. Dieses Vorgehen bzw Zurückgehen/

wurde bisher in der Biologie der Lebewesen/ ganz im materialistischen Sinne durchgeführt,/ indem man dabei in der Regel nur in Betracht zieht, was die äußeren physischen Kräfte/ der Chemie und Physik bewirken kön/nen. Die Erde war einstmals ein gasförmiger/ Ball, aus dem nach materialistischer Hypothese/ der jetzige Zustand durch Verdichtung und Ab/kühlung entstanden ist. Weiterhin verfolgt/ die Naturwissenschaft die Bildung rückwärts/ und nimmt an, das ganze Sonnensystem sei/ in einer Art gasförmigem Zustand gewesen,/ wie es in der sogen. Kant-Laplace'schen-/Hypothese niedergelegt ist. Gegen diese An/schauungen ist neuerdings manches einge/wendet worden, die neueren Hypothesen un/terscheiden sich jedoch insofern nicht prinzipiell/ von jener, als sie alle mehr oder minder mat/erialistisch ausgedacht sind. Sie lassen den Ur/nebel in Rotation geraten, sodaß sich durch/ ringförmige Trennung und Aufrollung nach/ und nach die Planeten und deren Monde bilde/

ten. Es lässt sich dieser Vorgang recht schön/ experimentell mit einem großen Öltropfen/ von entsprechendem spezifischen Gewicht in/ einem Glase Wasser vorführen, wenn man/ den Tropfen durch eine passende Vorrichtung/ in Umdrehung versetzt. Das erscheint dann/ sehr einfach als Darstellung der Entstehung/ eines Weltsystems, aber es ist auch feststehende/ Regel, daß man beim Experiment alles/ logisch berücksichtigt und nicht vergißt, daß/ hier der Experimentator die Umdrehung besorgt und keineswegs das logische Recht besteht, den Versuch nun auf das Sonnensyst/em zu übertragen; denn wo ist dort die dreh/ende Ursache? Und wenn man dieses nicht be/rücksichtigt, so steht man auf einem unge/rechtfertigten Boden. – Die Geisteswissenschaft/ sagt, es gibt nicht nur Materie im Welt/en-Urnebel, sondern dieser ist durchdrungen/ und dirigiert von bewußten, geistigen Mächt/en und Kräften, denen eine Bewegung zu/ verdanken ist, ohne daß wir dabei in Anthropo/

morphismus verfallen dürfen; wenn daher/ ein Urnebel sich im Sinne von Kant-Laplace gestaltete, so liegen dem geistige Ein/wirkungen zu Grunde, wie ja auch ein Ich/ in unserem physischen Körper auf dessen/ Nerven und Muskeln wirkt, ohne daß wir,/ wie bei einer Weltenbildung, an eine sche/matische Übertragung denken dürfen. –

Bei der gebräuchlichen Darstellung der Kant-/Laplace'schen Theorie und den geologischen/ Folgerungen, die sich daran schließen, kann/ man die physische Gestaltung der Erde zur/ Not daraus ableiten, wenn man die absurde/ Annahme machen will, daß irgend wo ein/mal ein «Riesen-Professor», wie bei dem er/wähnten Experiment, die Bewegung eingeleitet/ habe. Aber da kommt man denn doch auf ein/en bedenklichen Punkt, der von nachderk/lichen Naturforschern recht wohl gesehen worden/ ist, nämlich auf die Entstehung des Lebens/ auf unserem Erdenplaneten.

Durch zufälliges Zusammentreten gewisser/

Substanzen, durch sogenannte Urzeugung, möchte man annehmen, habe das Leben entstehen können, aus rein physikalisch gedachten Verhältnissen. Die Unmöglichkeit dieser Annahme hat tief denkenden Naturforschern, wie z.B. G. Th. Fechner, auch dem Biographen Darwins nämlich W. Th. Preyer eingeleuchtet, die keine Möglichkeit finden konnten zu denken, daß auf einer leblosen Erde Leben entstehen könnte, wir sehen sie daher auf halbem Wege der Geisteswissenschaft entgegenkommen, wenn sie die Meinung aussprechen, die Erde sei zu Beginn ihres Werdens nicht ein physikalisch-chemischer Körper gewesen, als welcher sie uns in der Gegenwart erscheint, auf dem sich jetzt Lebewesen in der ihnen eigentümlichen Weise fortpflanzen, sondern dies sei in urferner Vergangenheit anders gewesen. Zu jener Zeit dachten sich diese Forscher die Erde als *einen* großen Organismus als ein einziges gewaltiges Lebewesen, dann sei die Zeit gekommen, wo sich gewisse Substanzen sozusagen herauskristallisierten als die eigentliche Lebenssubstanz und damit sei verknüpft, daß anstelle des Gesamtlebens der Erde, das Leben an einzelne Wesen abgegeben worden sei, die uns heute entgegentreten. Es macht einen eigentümlichen Eindruck, wenn Preyer seine Gedanken hinlenkt auf den Ur-Organismus der Erde und sich die Vorstellung bildet, dessen Blut seien strömende, glühende Eisen[dämpfe] [*hinzugefügt:* -flüsse] gewesen, sein Atem der aus der Umgebung ein- und ausströmenden Weltendämpfe, seine Nahrung würden die herniederstürzenden Meteore gebildet haben; – ein sonderbares Gemisch von materialistisch-physikalischen Vorstellungen, mit denen er aber doch gewisse Lebens-Vorgänge hat darstellen wollen. Forscher von solcher Denkungsart kommen, wie gesagt, der Geisteswissenschaft halbwegs entgegen, indem sie zugeben, daß die Erde einstmals ein lebender Organismus war, dessen Lebenskräfte jetzt spezialisiert in den mannigfaltigsten Formen der Pflanzen-

und Tierwelt auftreten. Aber eines fehlt, was/ die Geisteswissenschaft aus ihren Forschungser/gebnissen der Erde zuschreiben muß, daß näm/lich in Wahrheit der Gedanke Platz greifen/ muß, der Erdenleib sei nicht nur lebendig,/ sondern er sei auch durchseelt, durchgeistigt aufzu/fassen, so/daß wir es mit unserem Erden-/Planeten nicht nur mit einem lebenden/ Organismus, sondern mit einem beseelten/ durchgeistigten Wesen zu tun haben.

Nun könnte man entgegnen, was tut man/ anders, als [*hinzugefügt:* daß man] dasjenige, was man erklären/ will, schon hineinlegt, es von vornherein/ als bestehend annimmt. Das aber tut man/ nach den Voraussetzungen einer Erkennt/niswissenschaft, nach denen sich nirgends aus/ untergeordneten Naturreichen die höheren,/ niemals das Geistig-Seelische aus Physisch-/Lebendigem und dieses letztere nicht aus dem/ Physikalisch-Chemischen entwickeln kann,/ sondern nach denen, daß Höheres aus dem Niederen/ nur dadurch entstehen kann, daß Geistig-Seeli-/

sches im Materiellen arbeitet. Im letzten Vortrage (24.2.1912) haben wir gesehen, mit welchem Rechte man bei dem Menschen sagen kann, daß er im [*hinzugefügt:* Leiblich-]Materiellen geistig-seelisch arbeitet. Wer sich innerlich zurückverfolgt bis zur ersten Rückerinnerung, dem treten aus der Tiefe des Bewußtseins seine Erlebnisse entgegen, alles, was er sich angeeignet hat, und davon lebt und darin webt das Ich; das aber hat sich bei seinem ersten, bewußten Auftreten nicht erst gebildet, sondern hat nur vorher im traumhaft-dämmerhaften Zustand des Kindes im Zusammenhang mit den sonstigen Seelenkräften erst das Werkzeug des Bewußtseins zubereitet, es hat erst die individuellen Lebensenergien bis in die feinsten plastischen Ausgestaltungen des Gehirns, das es ererbte von seinen leiblichen Eltern, hineingearbeitet. Sobald wir dieses einsehen, sind wir nicht mehr weit davon entfernt die menschliche Individualität auch zu früheren Erdenleben zurückzuverfolgen und die Kräfte zu erforschen, die in früheren Erdenleben vom Ich in/ seine gesamte Wesenheit hineingearbeitet sind./ Erkennen wir dieses für unser gegenwärtiges/ Erdenleben, so sehen wir damit auch ein, daß/ es nicht als Resultat [*hinzugefügt:* allein] von unseren Vorfahren/ ererbt ist, sondern daß in dem von diesen/ Ererbten noch ein Spielraum vorhanden ist für/ unsere geistig-seelische Wesenheit, für unser Ich./ Wenn es uns aus einem kriechenden zu ein/em aufrechtgehenden Wesen machte, so sehen/ wir es dabei am Werke.

Wenn wir bei genügender Allgemein-Ent/wickelung des Menschen zu seiner geistigen/ Schulung vorschreiten, zu einer solchen, durch die/ er Einblick in die geistigen Welten erlangt,/ so können wir auf diese Entwickelung des/ Ich eine Methode anwenden, die geschildert ist/ in dem Buche: «Wie erlangt man Erkenntnis/ höherer Welten?» Darnach erlangt man zunächst/ ein Bewußtsein davon, daß man sich nicht immer./ oder nur der körperlichen Sinne bedienen/ muß, um Wahrnehmungen zu machen, sondern/

durch eine geeignete Methode der für jede Individualität besonders zu machenden Konzentration und Meditation in sich Fähigkeiten entwickeln kann, die zu Erlebnissen ohne die körperlichen Sinne führen, die nur im urechten geistig-seelischen Wesen, ohne Mitwirkung der physischen Leiblichkeit, wahrgenommen werden können. Insbesonders ist es, daß der Betreffende nach solcher Schulung die Empfindung hat, daß diese seine Erlebnisse übersinnlich sind, ohne doch im ersten Studium im Stande zu sein sie in Begriffe, Ideen und Worte zu kleiden, da ja gewisse geistig-seelische Organe in Tätigkeit gesetzt wurden und das Gehirn bei solchen Erlebnissen selbst nicht benützt wird. Es besteht also zunächst eine unüberbrückte Kluft und erst nach Geduld und Ausdauer sieht der Übende die Zeit herankommen, in welcher er im Stande ist die übersinnlichen Erlebnisse und Erkenntnisse herunterzubringen, sie in seine Ideen und Begriffe zu kleiden, wie sie dem gewöhnlichen äußeren Leben entnommen sind. Das Gehirn selbst wird dabei als ein schwer zu überwindender Widerstand empfunden und es muß erst, ähnlich wie beim Kinde, das ungeschickte Gehirn dazu fähig gemacht werden, feinere Gestaltungen in sich hineinarbeiten zu lassen. Dieses sind allerdings solche, die ein Anatom im Gehirn nicht würde nachweisen können. So kann man in der allmählichen Entwickelung auch an sich bewußt die einzelnen Phasen verfolgen, wie sich diese bereits in der ersten Kindheit widerspiegeln und dort, wie auch spät er ersehen lassen, wie das Geistig-Seelische an der Arbeit ist.

Nun ist es keine unberechtigte Behauptung, wenn man sagt, in den gegenwärtigen Verhältnissen der Erde liege es begründet, daß die aus früheren Verkörperungen kommende geistig-seelische Wesenheit nur im Stande sei den Spielraum zu benützen, der in der allgemeinen Gestalt unseres physischen Körpers begrenzt sei, ein Spielraum, über den die Vererbungs-Verhältnisse keine Macht haben, während das Übrige der/ Vererbung derart anheimgestellt sei, daß der/ Mensch seine wichtigsten Organe nur von/ den ihm gleichgearteten Eltern erhalten kann./ Wenn dieses heute so sein muß, ist damit/ noch nicht gesagt, daß die Erde in vergangen/en Zeiten nur eine solche Entwickelung/ durchgemacht habe, die es auch in urfer/ner Vergangenheit dem Geistig-Seelischen des Mensch/en ermöglicht habe *nur* in diesem engen/ Spielraum zu arbeiten und es kann nicht als/ absurd bezeichnet werden, wenn die Geistes/wissenschaft sagt: Je weiter zurück wir in/ der Erden-Entwickelung gehen, desto mächti/ger wirkt das Geistig-Seelische des Mensch/en und war ehedem so bedeutsam, daß es/ dasjenige gestalten konnte, was heute nur/ von der Vererbung vorbereitet, einfach hinge/nommen werden muß. Die Menschen-/Seelen waren am Erdenleibe wirksam und/ dieser konnte einstmals noch die Substanz/ hergeben, die unmittelbar durch die Seele zum/

physischen Erden-Menschen umgebildet/ werden konnte, sobald sich die wirksamen/ bildungsmächtigen Kräfte des geistig-seel/ischen Wesenskerns des Menschen des Leib/es unseres Erdenplaneten bemächtigten./ Damals war noch keine Fortpflanzung nötig,/ wie heute durch das Prinzip des Männlichen/ und Weiblichen, das Zusammentreten des/ Geistig-Seelischen und der Erdenseele mit/ der lebendigen Substanz des Erdenleibes war/ im Stande, nun einen Menschen nach der/ Art seiner ursprünglichen irdischen Erschein/ung hervorgehen zu lassen, den Menschen/ am Ursprung seines Erdendaseins, [hinzugefügt: als] ein von/ dem seelisch-lischen Wesenskern in harmonischer/ Art mit diesem herausgebildetes Geschöpf. – Das/ erscheint als eine gewagte Hypothese, kann/ aber nicht als absurd bezeichnet werden. Damals/ war der physische Leib des Erdenplaneten, der/ jetzt von einer Lufthülle umgeben ist, eingehüllt/ in eine Geistesatmosphäre, wie es jetzt aus der/ Luft regnet, so gelangten einstmals gewisser-/

maßen Geisteskeime aus der Geistesatmo/sphäre auf die Erde, welche dort Menschen/ schufen. Jemanden, der sicher auf dem Bod/en der Naturwissenschaften steht, dem dreht/ sich bei solchen Vorstellungen, wie man zu/ sagen pflegt, der Magen um, aber trotz/dem muß noch etwas anderes gesagt werden,/ was auch wahr ist. Wenn nämlich der Geistes/forscher zurückgehen kann, auf Erden-Epochen,/ in denen statt des Männlichen und Weib/lichen das Himmlische und Irdische zusammen/wirkte, so kommen ihm wohl die Hypothes/en der Naturforscher in die Quere, also keines/wegs die neuerdings immer mehr gefundenen/ Tatsachen.

So hielt Ernst Haeckel, den wir trotz allem/ als einen kühnen Naturforscher bezeichnen müs/sen, in Lübeck im Jahre 1864 einen Vor/trag über den Ursprung des Menschen, den/ er völlig in dem von ihm aufgefassten Dar/win'schen Sinne glaubte erklären zu müs/sen, etwa so, wie auch jetzt die Naturforscher/

derselben Richtung sich gedrungen fühlen, ihre/ Entwickelungslinien zu ziehen von der/ Amöbe zum Menschen und vom Menschen/ wiederum zu einem physischen Lebewesen,/ ähnlich denen aus dem Affenreiche, als eines/ Vorfahren des heutigen Menschen. Aber/ das hat die neuere Forschung korrigiert; denn/ nirgends kann man an einen solch' tierischen/ Vorfahren die erforderliche hohe Geistes-Organ/isation heranbringen; die Vertreter der heutig/en Naturwissenschaft nehmen solche Dinge/ nicht mehr an, also auch keinen Menschen-/Vorfahren, der irgendwie einer gegenwärtig/en tierischen Gestalt ähnlich sei. Die gegen/wärtigen Tierformen sind die im Niedergang/ begriffenen Bildungen höherer Formen./ Daher ist für den Affen ein Vorfahr angenom/men, der nicht mehr lebt in den heutig/en Affenformen, aber eine andere Linie ist vor/ausgesetzt, die zum Menschen geführt habe, beide/ also führt man zurück auf einen gemein/samen Vorfahren, der unter anderen Bedingungen/

gelebt habe, als heute vorhanden sind. Dieser gemeinsame Vorfahr des tierischen Affen und des Menschen ist bislang, an der Hand der Tatsachen geprüft, nur ein hypothetisch konstruiertes Gedankengebilde. – Gewisse Forscher haben sich genötigt gesehen, einen Vorfahren der Menschheit und Tierheit höher hinauf/zurücken, hinter die höheren Säugetiere, wo ein hypothetisches Wesen gelebt habe, von dem sich die niedrigsten Säugetiere durch allmählichen Niedergang abgezweigt hätten, gleichzeitig sei von diesem Wesen ein Stamm gebildet, der hinauf zum Menschen führe, wobei auch die Affen rückwärts abgeleitet wurden, von ursprünglicheren Tierarten, abstammend von einem völlig hypothetischen Vorfahren schon bei der Bildung der Reptilien, während von dort herrührend sich der Mensch in eigener Linie bis heute entwikkelt habe. Wie weit sind doch solche Gelehrte entfernt von den Thesen der Geisteswissenschaft, da sie, durch ihre Denkgewohnheiten veranlasst, sich physische Formen in ihrer Entwickelung vorstellen in einer Art,/ daß diese fast auch unter den heutigen irdischen/ Verhältnissen möglich sein könnte. Wo/hingegen die Geisteswissenschaft hinweist/ auf eine Befruchtung der lebendigen Erden-/Substanz durch das Geistig-Seelische zur Bild/ung eines Wesens wie den Urmenschen im/ prinzipiellen Sinne. Wie bei der Entstehung/ des heutigen [*hinzugefügt:* physischen] Menschen aus dem Männlichen/ und Weiblichen, so wurde einstmals von/ zwei Seiten her zusammengeführt die leb/endige Substanzialität der Erde und die geist/ig-seelische des Erden-Umkreises. Diesem/ letzteren gehört der Mensch eigentlich an und/ er lebt mehr durch diesen, als durch den Zusam/menhang mit den darüber hinaus liegenden/ makrokosmisch-geistigen Verhältnissen –/ der geistig-seelische Menschenkeim konnte/ nur auf gewisse Teile der Erde wirken, daher/ ist der Mensch als Einzelwesen nur auf besond/erer Örtlichkeit der Erde heimisch geworden,/ und so besteht er aus einem erdgebundenen/

und einem kosmischen Elemente. –

Merkwürdig nachwirkend sehen wir im Mensch/en dasjenige, von dem gesprochen ist. Bei der Ver/erbung lag trotz aller sonstigen Verhältnisse/ dem Menschen ein Geistiges zu Grunde, wo/durch wir die einzelne Individualität sind./ Trotz aller Spezialisierung ist aber das allgemein/ Menschliche das Erbteil vom Weiblichen, das/ Individualisierende das Erbteil vom Männ/lichen her, dieses äuft parallel den Verhält/nissen beim Urmenschen, in dem zusammen/fließt ein allgemeines himmlisches Element/ mit dem, was aus der allgemeinen Leb/ens-Substanz der Erde als Erbliches hinzu/kommt. Das Kosmische überwog einst/mals das weniger Wirksame, was aus der/ Erde stammte und dadurch spezialisierte/ sich ein Teil der Urmenschen, sodaß dann/ erst der Mensch zum Männlichen und Weib/lichen wurde. Diesen ganzen Vorgang/ müssen wir uns so vorstellen, daß die Lebens/bedingungen fortschreitend immer andere/

wurden, die hervorbringenden Kräfte, die/ den Urmenschen schufen, waren zuletzt dazu/ nicht mehr im Stande, an deren Stelle/ blieben dann zurück diejenigen des Physi/kalischen und Chemischen der Erde und/ den Menschen schaffend und gestaltend war/ dann nur noch dasjenige, was in ihn selbst/ hineingelegt war und sich nun von Gene/ration zu Generation fortpflanzte. Die/ weibliche Beisteuer führt auf das Kos/mische, Himmlische, die männliche Leistung/ auf die ursprüngliche, organische, indivi/duelle Erdensubstanz zurück. Wer diese/ Zusammenhänge nicht berücksichtigt, wird/ niemals zu einem richtigen Verständnis/ der Vererbung kommen. –

Den Menschen interessieren natürlich auch/ die Verhältnisse bei der Entwickelung der/ Tiere und diese Umstände sind wichtig, um/ weiterhin ein aufklärendes Licht über den/ Ursprung des Menschen zu verbreiten. Der/ Mensch von heute in seiner Zweiheit, nämlich/

in Beziehung auf den Spielraum der geistig-/seelischen und der ererbten Hauptzüge, konn/te nur entstehen, wenn dasjenige, was früher/ bis zu einem gewissen Zeitpunkte diesen/ geistig-seelischen Zustand beibehalten hat,/ wartete, um die bis dahin den Umständen/ entsprechenden Verhältnisse an die Vererb/ung abzugeben, also bis zu der Zeit in/ der die ältere, gewissermaßen unmit/telbare Entstehung [*hinzugefügt:* mit der allgemeinen Erden-Substanz] in die durch Vererbung/ von einem zum anderen einsetzende/ Fortpflanzung übergehen konnte. Denn/ bei einem früheren Ablegen der Mensch/werdung aus dem Impulse des Geistig-Seel/ischer wäre wegen der damals bestehenden/ irdischen Verhältnisse folgendes entstanden:/ Das Geistig-Seelische hätte den Erden-Ver/hältnissen zu früh ein Übergewicht, einen/ zu großen Spielraum eingeräumt, wäre/ sozusagen schwach geworden gegenüber der/ Erdenkräften und dasjenige, was sonst hätte/ Mensch werden können, hätte unter der Ein/

wirkung der organisierenden Erdenkräfte/ sich zu einer diesen entsprechenden mehr irdi/schen, also niedrigeren Organisation, also zu/ dem hinabbegeben müssen, was wir die/ Tierheit nennen. Dies ist nun auch geschehen/ und dem Hinabsteigen des Geistig-Seeli/schen zu frühen Zeiten, unter den ver/schiedenartigen Kraftkonstellationen, ent/sprechen die dabei entstandenen verschied/enen Tierarten. Diese gingen daher dem/ Menschen voraus als geistig-seelische Ur/form/en, die vor ihm zu irdischen Verkörperung/en völlig in die Materie gekommen/ waren. Diese Urgebilde waren schon in/ den geistig-seelischen Zuständen von dem/ zukünftigen Menschen durch ihre Entwickel/ung abgesondert und übertrugen auch auf/ der Erde eine niedrigere Form der Vererbung/ von einer Tier-Generation zur anderen./ So stellt die Geisteswissenschaft den Menschen/ in die Entwickelungslinie, welche sich in/ den Umformungen der Erde zeigt, in der/

54

Tierwelt deutlich in die Erscheinung tritt,/ bis zuletzt der Mensch aus den geistig-/seelischen Lebenszuständen herabsteigend/ die materielle Erde bewohnt, wenn auch/ zunächst in Formen, die von den jetzigen/ außerordentlich verschieden sind. –

Wer von dem materialistisch-naturwissenschaftlichen Denken ausgeht, dem kann das heute Vorgetragene fast wie eine Absur/dität erscheinen, aber wenn diese Dinge/ der Geisteswissenschaft mit dem gleichen/ Ernst, wie die der Naturwissenschaft getrieb/en würden, so könnte sich bald zeigen, daß man auf beiden Wegen in verschiedenster Art/ zu Formen kommt, die der Naturforscher/ einsehen kann, wenn er wahr ist und auf/ den Tatsachen steht, ohne sich von deren bisher/igen, phantastischen Erklärungen beirren/ zu lassen; denn diese Tatsachen belegen ja/ aufs beste dasjenige, was heute als Gang des/ Lebens in der Erden-Entwickelung, wenn auch/ nur mit einigen Hauptzügen charakterisier/

worden ist. Für den Menschen ist dabei wichtig, in den Vordergrund zu stellen, daß sein Geistig-/Seelisches nicht das Ergebnis der leiblichen Entwickelung ist, sondern vielmehr der Leib das Ergebnis des Geistig-Seelischen, das seine Formen der bildungsfähigen, organischen Substanz der Erde aufgedrängt hat. Die äußeren Forschungen widersprechen der selbständigen Bedeutung des Geistig-Seelischen im Menschen nicht, sondern die Naturwissenschaft bekräftigt bei jedem tieferen Versenken des Menschen in sein eigenartiges Sein das Verhältnis, in dem er zur Welt zu Geist und Seele steht, das wir in die Worte zusammenfassen können:--

«Aus dem Geiste ist der Mensch entsprungen,

Im Geist verläuft des Menschen ganzes Leben,

Zum Geiste strebt des Menschen ganzes Wesen.» –

Nach eigener Niederschrift München, 9.3.12.

Haase

Der Ursprung des Menschen

im Lichte der Geisteswissenschaft;

Oeffentlicher Vortrag. München 26. Februar 1912.
(Stenogramm von Agnes Friedlaender
z.T. aus der Erinnerung ergänzt.)

Es wurde in dem vorhergehenden Vortrage, dem sich der folgende anschliesst, über die verborgenen Tiefen des Seelenlebens gesprochen & dargelegt, dass das Leben der Seele nicht absolut an die Materie gebunden ist, dass es trennbar ist vom Physischen nicht nur, sondern auch von den Vorstellungen, die von diesem durch die Sinne & den Verstand gewonnen werden. - Die Möglichkeit der Trennung der Seelenerlebnisse von den phys. Vorstellungen wurde nachgewiesen an dem Unterschied zwischen Erinnerungs-& Traumbildern. Diese steigen auf ohne die ursprüngliche Kraft des seelischen Mitempfindens,- jene mit den ursprünglichen Begleiterscheinungen des Gemütserlebnisses an Freude, Leid & dergl. Da löst sich los in der Erinnerung das Seelenleben von dem Vorstellungleben, wlches in der Aussenwelt gewonnen wird & zieht sich zurück in die verborgenen Tiefen der Seele & da wirkt es & arbeitet, da übt es seine Macht, indem es arbeitet an dem Gesamtorganismus des Menschen.

Während das Vorstellungsleben oft seine Ohnmacht erweist, (denn wir wissen nicht, was in den Tiefen des Meeres vorgeht, wenn die Oberfläche sich kräuselt,) erweist das verborgene Seelenleben sich als Macht.- Wir sehen das im Traume, im Trance der Medien, im Wirken der Kunst & im Wissen des Geistesforschers;- denn da kann der Mensch hineindringen durch Schulung seines Geistes, so dass er lernt bewusst schöpfen aus den Quellen des wahrhaft realen Lebens, in das er nicht nur wie der Träumer & Phantast ohne Kontrolle blickt & dadurch zum Träumer, Halluzinist oder gar Lügner wird, nicht wie der mit atavistischem Hellsehen Begabte & im Traum zum Spielball der Geister einer solchen Seelen- oder Astralwelt wird auch nicht allein, wie der wahre Künstler schöpft aus dem Geiste & es gestaltet im Schönen,- sondern als ein Wissender, bewusst Schauender das, was Vision ist von dem, was wahr & selbst gewollt ist, unterscheiden kann.

Hierseins,

was hervortreten sollte gelegentlich der beiden Vorträge meines letzten ~~Hierseins~~ die handelten darüber, wie man auf der einen Seite Theosophie widerlegen kann & wie sie verteidigen. Grade bei Fragen, wie die heutige, muss der Geisteswissenschaftler sich völlig klar sein, dass viel, viel aus den Vorstellungen der Gegenwart heraus scheinbar mit Recht gegen seine Behauptungen vorgebracht werden kann, & deshalb muss es begreiflich sein, dass man mit einem Vortrage, wie dem des heutigen Abends, nur einige <u>Anregung</u> geben kann, dass man aber weit davon entfernt ist, bei jemandem, der noch unbekannt ist mit solchen Vorgängen, eine rasche Ueberzeugung hervorzurufen. –

Das sei gesagt als **Einleitung**, um die ganze Gesinnung zu charakterisieren, aus der ein solcher Vortrag gegeben wird.

Was haben wir erlebt in den letzten Jahrzehnten? Immermehr & mehr hat sich bei denen, die glauben, ein Urteil über dieses Gebiet zu haben, immer mehr hat sich die Anschauung festgesetzt, dass der Mensch seinen Ursprung genommen habe, in bezug auf die Gesammtheit seines Wesens, bei Geschöpfen, welch im Sinne einer systematischen Anordnung der Lebewesen eigentlich unter der Sphäre desjenigen stehen, was der Mensch heute seine Bildung, seine Kultursphäre, was er überhaupt nennt die Sphäre seiner menschl. Betätigung. Das ausserordentlich fruchtbare <u>Entwicklungs</u>-Prinzip hat uns dahin geführt, dass der Glaube sich festgesetzt hat: in der Vergangenheit wäre die Entwicklung so fortgeschritten, dass aus einfachen, primitiven Lebensformen, die den <u>heutigen</u> primitiven Lebensformen noch ähnlich sind, durch langsame Entwicklung, – wie man sagt durch den Kampf ums Dasein, durch Anpassung, – allmählich immer komplizierter Lebensformen sich gebildet haben, bis hinauf zu den Tieren des Erdkreises & dass in solcher fortschreitenden Entwicklung aus den niederen Reichen durch eben diese Entw. der Mensch gleichsam hervorgestiegen sei; so dass man die Verfahren des Menschen in bezug auf Erdenentwicklung sucht bei tierischen Lebewesen. Und es gibt in weiten Kreisen eine solche Ueberzeugung in bezug auf diesen Punkt, dass man eigentlich

s. Textvergleich S.63.rechts

so dass durch Hervorgehen eines Lebendigen aus einem lebendigen Erdenleibe zu denken wäre der Ursprung der Lebewesen.

Es macht einen merkwürdigen Eindruck, wenn der Biograph Darwin's seine Gedanken hinlenkt auf die Urgestalt der Erde, dass sie ein Organismus war & sich aus <u>seinem</u> Denken heraus eine Vorstellung macht.- Wenn wir hören bei Preyer, dass vorzustellen wäre ursprünglich der Erdenorganismus lebendig, dass seine Blutströme glühende Eisendämpfe gewesen wären, dass der Atem dieses Erdenleibes aus der Umgebung einströmende Weltendämpfe gewesen wäre, die Nahrung des Erdenleibes Materie gewesen wäre, die aus dem Weltenall zusammen geflossen, - ein merkwürdiges Gemisch naturphysikalischer Vorstellungen mit <u>Lebensanschauungen</u>!! Er kommt nicht ganz los von seinen physikalischen Vorstellungen; aber er muss sich doch denken, dass in den hineinströmenden Dämpfen etwas wie Ernährung, Atmung, Blutkreislauf enthalten sei.

Wir müssen, wenn wir an die Ernährung denken, nicht meinen, dass glühendes Eisen diese Funktionen besorgt. Aber eins zeigt uns Preyer: dass auch der Naturforscher mit Notwendigkeit gezwungen sich fühlen kann, die Erde als Organismus zu erkennen. Auf halben Wege kommen sie der Geisteswissenschaft entgegen; sie geben zu, dass, wenn man rückwärts geht, man an einen Ausgangspunkt kommt, wo die Erde ein grosses Lebendiges war, dass im weiteren Verlauf die Erde aus sich ausgesetzt hat das lebendig Spezialisierte in Wesen wie Menschen, Tiere usw. Durchhörungen denken sie sich urferne Vergangenheit mit vollem Leben.

Aber eines fehlt noch, was Geisteswissenschaft nun, von diesen Voraussetzungen aus, diesem Erdenleib zuschreiben muss; es fehlt da, dass in Wahrheit gedacht werden muss: der Erdenleib habe seinen Ausgangspunkt nicht nur lebendig, sondern dass er durchseelt mit Geist, durchgeistigt gedacht werden muss, so dass wir es zu tun haben, wenn wir auf den Erdenursprung hinblicken, nicht nur mit einem Organismus, sondern uns die Erde als einen <u>beseelten</u> Organismus vorzustellen haben.

s. Textvergleich S. 64, rechts

Nicht weiter, als dass sie genötigt sind durch ihre Denkgewohnheiten sich die Erde so vorzustellen, dass sie sich nur auf physische Art die Entstehung heutiger Lebensformen denken können, während die Geistesforscher an diese Stelle etwas hinsetzen unter ganz anderen Erdenverhältnissen, aus ganz anderen Bedingungen hervorgegangen: Befruchtung der Erdensubstanz durch das Geistig-Seelische.

Auch die Möglichkeit finden wir, uns den weitern Fortgang der Entwicklung bis hinauf zum Menschen als eine aus dem Geistig-Seelischen herausgearbeitete Wesenheit zu denken.-- Wenn wir bedenken, dass ein solcher Urmensch, wie ich ihn im Sinne der Geisteswissenschaft geschildert habe, der,- wie jetzt der heutige Mensch das Produkt von Vater & Mutter- von 2 Seiten zusammengefügt ist,- aus der Substanz der Erde & dem Geistig-Seelischen des Erdumkreises, so können wir sagen, dass der Mensch dem geistigen Umkreis angehört. Durch dieses Urelement hat der Mensch *mehr gelebt* im ganzen Himmelskörper & fühlt seinen Zusammenhang mit kosmischen Verhältnissen.- Aber unseren geistig-seelischen Keim konnten wir nur auf einem bestimmten Punkt der Erde bekommen. Dadurch ist der Mensch individualisiert;dadurch, dass er aus bestimmten Orten gekommen ist, dadurch ist er eine besondere Wesen geworden, ein Wesen, das heimisch wurde, fest an die Oertlichkeit der Erde gebunden wurde.

So haben wir in diesem Urmenschen zugleich ein allgemein Menschliches & ein Individuelles: ein Erdgebundenes & ein mehr Himmlisches, ein makrokosmisches Element.

So sehen wir merkwürdig nachwirken im heutigen Menschen dasjenige, was wir eben charakterisieren konnten.

Wenn man sorgfältig prüft alles, was dem Menschen durch Vererbung zukommt, so zeigt sich, dass trotz aller sonstigen Verhältnisse, in denen sich die Vererbungen spezialisieren, wir zugrundeliegend dem Menschen finden ein allgemein Menschliches & dass individualisiert wird in jeder Menschennatur eine zweite. Beides finden wir noch heute: etwas allgemein Menschliches & das Spezialisierte.

17

Und wenn man die gegenwärtige Menschheit prüft, so findet man: das allgemein Menschliche erblich von weiblicher Seite & der besondere, individuelle Charakter im Wesentlichen Erbteil des männlichen Vorfahren, wobei es einerlei ist, ob der Einzelne als Individualität männlich oder Weiblich ist; d.h. wir sehen nachwirken noch jetzt das, was sich im Urmenschen als allgemein himmlisches Element, - wenn der Ausdruck nicht pedantisch genommen wird,- zeigt, & was an ihm aus der allgemeinen Lebenssubstanz der Erde kommt, aber erblich ist. Daher brauchen wir nur anzunehmen, dass in dem Urmenschen, die aus dem Geist heraus gestaltet waren, in dem einen Fall überwog das makrokosmische Element, was aus dem Umkreis rein befruchtend wirkt, während mehr zurücktrat das Element, das aus der Erde selber kam; dadurch spezialisiert sich ein Teil der Urmenschen, weil das Himmlische mehr wirkt, spezialisiert sich zu dem Weiblichen. Da, wo das Irdische überwog, wo die spezielle Erdenbestimmung Oberhand gewonnen, da bildete sich das mehr Individuelle, die Anlage zum Männlichen.

Da sehen wir, wie aus diesen allgemeinen Verhältnissen, ~~wie gesholbet wird~~ aus dem ursprünglichen geistig-seelischen Menschen die Anlagen herausgebildet werden, die sich mehr & mehr verdichten, & sich herausbilden als Mann & Frau.

Und diesen ganzen Vorgang, meine verehrten Anwesenden, wir müssen ihn uns vorstellen so, dass die Bedingungen in den Verhältnissen immer andere werden, d.h. nichts anderes, als dass die Bedingungen, die es möglich gemacht haben, dass aus dem geistigen Umkreis heraus befruchtend wirkten die kosmischen Elemente, dass diese Verhältnisse verschwanden. Die lebendige Erdensubstanz setzte aus sich heraus das rein Mineralische, Chemische, & war daher nicht mehr in der Lage, herauszusetzen lebendige Substanz.

Da trat an die Stelle dessen, was durch das Obere & Untere in geistiger Befruchtung aufgetreten war, & was nicht mehr auf diese Art den Menschen gestalten konnte, eine andere Weise, die gestaltend wurde dadurch, dass es hineingelegt wurde in den Menschen selber, so dass die Fortpflanzung von Generation zu Generation eintrat.

Die Kräfte, die den Menschen gestalten, sehen wir so zurückführen, daß die weibliche Beisteuer auf ein Kosmisches, auf ein himmlisches Element, & was in der Fortpflanzung gegeben wird durch das Männliche zurückgeführt wird zur ursprünglich organischen, lebendigen Erdensubstanz; & wir sehen noch nachwirken im Weiblichen das Allgemeine & im Männlichen das Individuelle. Es wird niemand Licht bringen in die Vererbungsverhältnisse & den Anteil des Männlichen & des Weiblichen, der diese Dinge nicht berücksichtigt, sie berücksichtigt nicht in hypothetischer Weise nur. - -

Die Kräfte, die zwischen Erdumgebung & Erde wirkten, mussten abgegeben werden in die Vererbungsverhältnisse. - Es muss uns nun interessieren, wie sich zu dieser Entwicklung des Menschen, zu dieser Anschauung vom Ursprung des Menschen verhält die Entwicklung der Tiere; denn in einer gewissen Weise wird der Ursprung des Menschen nicht richtig verstanden, ohne die Entwicklung der Tiere ins Auge zu fassen. -

Da zeigt sich, dass der Mensch, so wie er heute dasteht vor uns in jener Zweiheit, so dass einerseits noch gewisse Spielräume da sind, in denen er arbeitet Geistig-Seelisches,- andrerseits Vererbtes. Es konnte dieser Mensch nur so entstehen, wie er heute ist, wenn er bis zu einem Zeitpunkt diese geistigseelische Bildung beibehalten hatte, bis jene Bedingungen auf der Erde waren, & die Verhältnisse so waren, dass sie nicht mehr hergeben konnten aus sich die Möglichkeit, den Menschen aus Geistig-Seelischem entstehen zu lassen. Da erst gestaltete sich die heutige Art der Fortpflanzung. Als geistig-seelisch geformtes Wesen hat der Mensch warten müssen. - Was wäre geschehen, wenn er früher hätte abgelegt die Entstehung aus dem Geistig-Seelischen? & sich gefügt hätte bloss den Erdenverhältnissen? Einfache Ueberlegung kann uns zeigen: Wäre da das Geistig-Seelische nicht im äussersten Zeitmomente, wo es nötig war abzugeben wäre es nicht geblieben in seiner ursprünglichen Geistesart bis zu diesem Moment, sondern hätte den Erdverhältnissen ein Uebergewicht eingeräumt, da wäre

Textvergleiche

Handschrift J. Haase (s. S. 31-32; 40; 51-52 – eingerahmt)	Klartextnachschrift A. Friedländer (s. S. 58; 59; 60-62 – eingerahmt)
(S. 31) Immermehr hat sich bei den urteilsfähigen Naturwissenschaftern die Anschauung festgesetzt, daß der Mensch seinen Ursprung genommen habe von Geschöpfen, die eigentlich unter der Sphäre desjenigen stehen, was der heutige Mensch die Sphäre seiner Bildung, Kultur ja seiner ganzen Betätigung nennt. Das sonst sehr fruchtbare Prinzip der Entwickelung hat dahin geführt, anzunehmen, daß auf Erden aus einfach gearteten Lebensformen, die den heute noch lebenden einfachen Formen ähnlich sind, durch langsame Entwickelung sich die	(S. 58) Immermehr & mehr hat sich bei denen, die glauben, ein Urteil über dieses Gebiet zu haben, immer mehr hat sich die Anschauung festgesetzt, dass der Mensch seinen Ursprung genommen habe in Bezug auf die Gesamtheit seines Wesens bei Geschöpfen, welch im Sinne einer systematischen Anordnung der Lebewesen eigentlich unter der Sphäre desjenigen stehen, was der Mensch heute seine Bildung, seine Kultursphäre, was er überhaupt nennt die Sphäre seiner menschl. Betätigung. Das ausserordentlich fruchtbare *Entwicklungs*-Prinzip hat uns dahin geführt, dass der Glaube sich festgesetzt hat: in der Vergangenheit wäre die Entwicklung so fortgeschritten, dass aus einfachen, primitiven Lebensformen, die den *heutigen* primitiven Lebensformen noch ähnlich sind, durch langsame Entwicklung, – wie man sagt

63

Handschrift J. Haase (s. S. 31-32; 40; 51-52 – eingerahmt)	Klartextnachschrift A. Friedländer (s. S. 58; 59; 60-62 – eingerahmt)
	durch den Kampf ums Dasein, durch Anpassung, – allmählich immer
körperlichen Formen	kompliziertere Lebensformen sich gebildet haben,
bis hinauf	bis hinauf
zu denen der höchsten Tierwelt herausgebildet haben,	zu den Tieren des Erdkreises
und also durch weiter fortschreitende Bildungen (S. 32) und Komplikation der Kräfte	& dass in solcher fortschreitenden Entwicklung
der niederen Reiche, der Mensch endlich aus den früheren Tieren hervorgetreten sei.	aus den niederen Reichen durch eben diese Entw. der Mensch gleichsam hervorgestiegen sei; so dass man die Vorfahren des Menschen in bezug auf Erdenentwicklung sucht bei tierischen Lebewesen.
Es gibt in weiten Kreisen eine solche Überzeugung,	Und es gibt in weiten Kreisen eine solche Ueberzeugung in bezug auf diesen Punkt,
in denen man jeden … …	dass man eigentlich … …
(S. 40) Aber eines fehlt, was die Geisteswissenschaft aus ihren Forschungsergebnissen der Erde zuschreiben muß, daß nämlich in Wahrheit der Gedanke Platz greifen muß, der Erdenleib sei nicht nur lebendig,	(S. 59) Aber eines fehlt noch, was Geisteswissenschaft nun, von diesen Voraussetzungen aus, diesem Erdenleib zuschreiben muss: es fehlt da, dass in Wahrheit gedacht werden muss: der Erdenleib habe seinen Ausgangspunkt nicht nur lebendig,

Handschrift J. Haase (s. S. 31-32; 40, 51-52 – eingerahmt)	Klartextnachschrift A. Friedländer (s. S. 58; 59; 60-62 – eingerahmt)
sondern er sei auch durchseelt, durchgeistigt aufzufassen, sodaß wir es mit unserem Erdenplaneten nicht nur mit einem lebenden Organismus, sondern mit einem beseelten durchgeistigten Wesen zu tun haben. …	sondern dass er durchseelt mit Geist, durchgeistigt gedacht werden muss, so dass wir es zu tun haben, wenn wir auf den Erdenursprung hinblicken, nicht nur mit einem Organismus, sondern uns die Erde als einen *beseelten* Organismus vorzustellen haben. …
(S. 51) Merkwürdig nachwirkend sehen wir im Menschen dasjenige, von dem gesprochen ist. Bei der Vererbung lag trotz aller sonstigen Verhältnisse dem Menschen ein Geistiges zu Grunde, wodurch wir die einzelne Individualität sind. Trotz aller Spezialisierung	(S. 60) So sehen wir merkwürdig nachwirken im heutigen Menschen dasjenige, was wir eben charakterisieren konnten.¶ Wenn man sorgfältig prüft alles, was dem Menschen durch Vererbung zukommt, so zeigt sich, dass trotz aller sonstigen Verhältnisse, in denen sich die Vererbungen spezialisieren, wir zugrundeliegend dem Menschen finden ein allgemein Menschliches & dass individualisiert wird in jeder Menschennatur eine zweite. Beides finden wir noch heute: etwas allgemein Menschliches & das Spezialisierte.¶ (S. 61) Und wenn man die gegenwärtige Menschheit prüft

65

Handschrift J. Haase (s. S. 31-32; 40; 51-52 – eingerahmt)	Klartextnachschrift A. Friedländer (s. S. 58; 59; 60-62 – eingerahmt)
ist aber das allgemein Menschliche das Erbteil vom Weiblichen, das Individualisierende das Erbteil vom Männlichen her, dieses läuft parallel den Verhältnissen beim Urmenschen, in dem zusammenfließt ein allgemeines himmlisches Element mit dem, was aus der allgemeinen Lebens-Substanz der Erde als Erbliches hinzukommt. Das Kosmische überwog einstmals das weniger Wirksame, was aus der Erde stammte und dadurch spezialisierte sich ein Teil der Urmenschen, sodaß dann erst der Mensch zum	so findet man: das allgemein Menschliche erblich von weiblicher Seite & der besondere, individuelle Charakter im wesentlichen Erbteil des männlichen Vorfahren, wobei es einerlei ist, ob der einzelne als Individualität männlich oder weiblich ist; d. h. wir sehen nachwirken noch jetzt das, was sich im Urmenschen als allgemein himmlisches Element – wenn der Ausdruck nicht pedantisch genommen wird, – zeigt, & was an ihm aus der allgemeinen Lebenssubstanz der Erde kommt, aber erblich ist. Daher brauchen wir nur anzunehmen, dass in den Urmenschen, die aus dem Geist herausgestaltet waren, in dem einen Fall überwog das makrokosmische Element, was aus dem Umkreis rein befruchtend wirkt, während mehr zurücktrat das Element, das aus der Erde selber kam; dadurch spezialisiert sich ein Teil der Urmenschen, weil das Himmlische mehr wirkt, spezialisiert sich zu dem Weiblichen. Da, wo das Irdische

Handschrift J. Haase (s. S. 31-32; 40 51-52 – eingerahmt)	Klartextnachschrift A. Friedländer (s. S. 58; 59; 60-62 – eingerahmt)
	überwog, wo die spezielle Erdenbestimmung Oberhand gewonnen, da bildete sich das mehr Individuelle, die Anlage zum Männlichen.¶ Da sehen wir, wie aus diesen allgemeinen Verhältnissen aus dem ursprünglich geistig-seelischen Menschen die Anlagen herausgebildet werden, die sich mehr & mehr verdichten, & sich herausbilden als
Männlichen und Weiblichen wurde.	Mann & Frau.¶
Diesen ganzen Vorgang	Und diesen ganzen Vorgang, meine verehrten Anwesenden,
müssen wir uns so vorstellen, daß die Lebensbedingungen fortschreitend immer andere (S. 52) wurden,	wir müssen ihn uns vorstellen so, dass die Bedingungen in den Verhältnissen immer andere werden, d. h. nichts anderes, als dass die Bedingungen, die es möglich gemacht haben, dass aus dem geistigen Umkreis heraus befruchtend wirkten die kosmischen Elemente, dass diese Verhältnisse verschwanden.
die hervorbringenden Kräfte, die den Urmenschen schufen,	Die lebendige Erdensubstanz setzte aus sich heraus das rein Mineralische, Chemische, &
waren zuletzt dazu nicht mehr im Stande,	war daher nicht mehr in der Lage herauszusetzen lebendige Substanz.¶ Da trat
an deren Stelle blieben dann zurück diejenigen des Physikalischen und Chemischen der Erde und den Menschen schaffend und gestaltend	an die Stelle dessen, was durch das Obere & Untere in geistiger Befruchtung aufgetreten war, & was nicht mehr auf *diese* Art den Menschen gestalten konnte,

67

Handschrift J. Haase (s. S. 31-32; 40; 51-52 – eingerahmt)	Klartextnachschrift A. Friedländer (s. S. 58; 59; 60-62 – eingerahmt)
war dann nur noch dasjenige, was in ihn selbst hineingelegt war und sich nun von Generation zu Generation fortpflanzte.	eine andere Weise, die gestaltend wurde dadurch, dass es hineingelegt wurde *in* den Menschen selber, so dass die Fortpflanzung von Generation zu Generation eintrat.¶ (S. 62) Die Kräfte, die den Menschen gestalten, sehen wir so zurückführen, dass
Die weibliche Beisteuer führt auf das Kosmische, Himmlische,	die weibliche Beisteuer auf ein Kosmisches, auf ein himmlisches Element, & was in der Fortpflanzung gegeben wird durch
die männliche Leistung auf die ursprüngliche, organische, individuelle Erdensubstanz zurück.	das Männliche zurückgeführt wird zur ursprünglich organischen, lebendigen Erdensubstanz; & wir sehen noch nachwirken im Weiblichen das Allgemeine & im Männlichen das Individuelle. Es wird niemand Licht bringen in die Vererbungsverhältnisse & den Anteil des Männlichen & des Weiblichen,
Wer diese Zusammenhänge nicht berücksichtigt, wird niemals zu einem richtigen Verständnis der Vererbung kommen. –	der diese Dinge nicht berücksichtigt, sie berücksichtigt nicht in hypothetischer Weise nur. – –

Zu dieser Ausgabe

Es liegt hier der Erstdruck dieses öffentlichen Vortrags vor. Die zugrunde gelegte Nachschrift in Sütterlinhandschrift stammt von Joseph Haase (s. S. 29-56), Vermerk S. 56: «Nach eigener Niederschrift. München, 9.3.12. Haase.» Diese Handschrift ist 100 Jahre alt! J. Haase hat üblicherweise seine zahlreichen Nachschriften lange vor dem Erscheinen des ersten Manuskriptdrucks angefertigt.

Eine zweite, maschinengeschriebene Nachschrift (s. S. 57) trägt den Vermerk: «(Stenogramm von Agnes Friedlaender z.T. aus der Erinnerung ergänzt.)». Die beiden Nachschriften – auf der Webseite des Archiati Verlags einsehbar – weichen stark voneinander ab, allein schon den Umfang betreffend: bei J. Haase 3597 Wörter, bei A. Friedländer 6048 Wörter. Die Textvergleiche (s. S. 63-68) geben dem Leser die Möglichkeit, sich ein eigenes Urteil über die zwei Fassungen zu bilden.

Das jahrelange vergleichende Studium der Originalnachschriften der Vorträge von Rudolf Steiner führt Herausgeber und Redakteur immer wieder zu folgendem Ergebnis: Die kürzere Fassung mag nicht alles enthalten, was Rudolf Steiner gesagt hat, aber sie fügt nichts Fremdes hinzu. Die längere enthält hingegen zahlreiche Erläuterungen, die nicht von Rudolf Steiner stammen.

Die Vorträge von Rudolf Steiner

Rudolf Steiner hat vor den unterschiedlichsten Menschengruppen einige tausend Vorträge gehalten, davon viele öffentlich. Um möglichst genau zu erfahren, was Rudolf Steiner gesagt hat, ist eine gewissenhafte Prüfung der überlieferten Unterlagen und eine Vertrautheit mit Steiners Denk- und Sprechweise erforderlich.

Bis 1915/16 haben verschiedene Zuhörer die Vorträge stenografiert. Mit der Redaktion hat Marie Steiner in der Regel Walter Vegelahn beauftragt. Vegelahn hat die Klartextnachschriften sehr stark erweitert. Seine Redaktion liegt zahlreichen Bänden der Rudolf Steiner Gesamtausgabe zugrunde. Der Archiati Verlag geht demgegenüber auf die ursprünglichen Klartextnachschriften zurück, soweit diese ihm vorliegen.

Ab 1915/1916 wurde eine Berufsstenografin, Helene Finckh, mit dem Stenografieren beauftragt. Ihre Stenogramme gelten als dem von Rudolf Steiner gesprochenen Wort treu und ihre Übertragung wiederum als dem Stenogramm entsprechend. Um dieses Letzte zu prüfen, wäre ein Vergleich der Klartextnachschriften mit den Stenogrammen nötig. Diese besitzt die Rudolf Steiner Nachlassverwaltung, die einen Vergleich mit den Stenogrammen Außenstehenden nicht gestattet. Wir hoffen auf einen Sinneswandel der Verantwortlichen, wodurch im Internet allen Menschen der Zugang zu den Stenogrammen ermöglicht wird.

Der Archiati Verlag ist bestrebt, wissenschaftliche Genauigkeit mit allgemeiner Zugänglichkeit zu verbinden. Ein Beispiel dafür ist die Handhabung von Wörtern, die heute ungebräuchlich sind oder eine andere Bedeutung angenommen haben. Ersetzungen werden mit einem hochgestellten kleinen Kreis (°) kenntlich gemacht – z. B. Frau° für Weib. Am Ende des Textes findet der Leser die Liste der ersetzten Worte. Fremd- oder schwer verständliche Wörter werden zuweilen auch in Klammern «übersetzt» – z. B. Parenthese (Klammer).

Als Rudolf Steiner die Theosophische Gesellschaft verlassen musste, gab er die Anweisung, dass in seinen Vorträgen «Theosophie» und «theosophisch» durch «Anthroposophie» und «anthroposophisch» ersetzt werden. Geisteswissenschaft war für ihn vor allem Leben, und um dem Leben zu dienen, muss man in Bezug auf die Terminologie beweglich bleiben. Immer wieder betonte er, dass die Terminologie reines Mittel zum Zweck ist.

Mensch- und Erdentwicklung

7 planetarische Zustände der Erde	1. Saturn-, 2. Sonnen-, 3. Mond-Erde, 4. Erde (jetziger Planet), 5. Jupiter-, 6. Venus-, 7. Vulkan-Erde
7 geologische Epochen der jetzigen Erde	1. Polarische, 2. hyperboräische, 3. lemurische, 4. atlantische Erdepoche 5. nachatlantische (die jetzige), 6., 7. Erdepoche
7 Kulturperioden der «nach-atlantischen» Zeit (je 2160J.)	1. Indische, 2. persische, 3. ägypt.-chaldäische, 4. griech.-römische Kulturper. (747 v.–1413 n.Chr.); 5. unsere Kulturper. (1413–3573 n.Chr.), 6., 7. Kulturper.

Das Wesen des Menschen

3 Körper-Hüllen:	1. Physischer Körper, 2. Ätherleib, Bildekräfteleib, 3. Astralleib
3 Seelen-Kräfte:	1. Empfindungsseele, 2. Gemüts- oder Verstandesseele, 3. Bewusstseinsseele
3 Geistes-Glieder:	1. Geistselbst (höheres Ich), 2. Lebensgeist, 3. Geistesmensch
Aus 9 wird 7:	1. Physischer Leib, 2. Ätherleib, 3. Astralleib, 4. Ich, 5. Geistselbst, 6. Lebensgeist, 7. Geistesmensch

Dreiheit in Mensch und Welt

Geistige Wesen:	Luzifer	Christus	Ahriman
Evangelium:	Diabolos	Streben nach Gleich-gewicht	Satanas
Geistig:	Spiritualismus		Materialismus
Seelisch:	Schwärmerei		Pedanterie
Physisch:	Entzündung		Sklerose
Moralisch:	hemmend	fördernd	hemmend

Naturelemente

Ätherwelt:	Wärmeäther	Lichtäther	Ton-/Zahlenäther	Lebensäther
Phys. Welt:	Wärme	Luft	Wasser	Erde
Unternatur:	Schwerkraft	Elektrizität	Magnetismus	Atomkraft
Naturgeister:	Salamander	Sylphen	Undinen	Gnome

Stufen der Einweihung

1. Imagination:	Bilder sehen – in der Akasha-Chronik (Ätherwelt)
2. Inspiration:	Worte hören – in der Seelenwelt (Astralwelt)
3. Intuition:	Wesen erkennen – in der geistigen Welt (Devachan)

Rudolf Steiner (1861-1925) hat die moderne Naturwissenschaft durch eine umfassende Wissenschaft des Übersinnlich-Geistigen ergänzt. Seine «Anthroposophie» ist in der heutigen Kultur eine einzigartige Herausforderung zur Überwindung des Materialismus, dieser leidvollen Sackgasse der Menschheitsentwicklung.

Steiners Geisteswissenschaft ist keine bloße Theorie. Ihre Fruchtbarkeit zeigt sie vor allem in der Erneuerung verschiedener Bereiche des Lebens: der Erziehung, der Medizin, der Kunst, der Religion, der Landwirtschaft, bis hin zu einer gesunden Dreigliederung des ganzen sozialen Organismus, in der Kultur, Rechtsleben und Wirtschaft genügend voneinander unabhängig gestaltet werden und sich dadurch gesund entfalten können.

Von der etablierten Kultur ist Rudolf Steiner bis heute im Wesentlichen ignoriert worden. Dies vielleicht deshalb, weil viele Menschen vor der Wahl zwischen Macht und Menschlichkeit, zwischen Geld und Geist, zurückschrecken. In dieser Wahl liegt jene innere Erfahrung der Freiheit, die vor zweitausend Jahren allen Menschen möglich gemacht wurde und die zu einer zunehmenden Scheidung der Geister in der Menschheit führt.

Die Geisteswissenschaft Rudolf Steiners kann weder ein elitäres noch ein Massenphänomen sein: Einerseits kann nur der einzelne Mensch in seiner Freiheit dazu Stellung nehmen und sie ergreifen, andrerseits kann dieser Einzelne in allen Schichten der Gesellschaft und in allen Völkern und Religionen der Menschheit seine Wurzeln haben.